郑莉珍　薛丹丹　著

产品手绘效果图

CHANPIN SHOUHUI XIAOGUOTU

U0286107

中国纺织出版社

内 容 提 要

本书以笔者多年的产品手绘教学经验与心得为基础，详细阐述了产品手绘效果图的基础知识、基础训练方法及不同的手绘表现类型等内容，同时配以大量教师本人的手绘效果图案例、手绘步骤图及若干学生习作。通过文字引导阐述、图片案例说明，使初学者能够在较短时间内有计划、有步骤地进行产品手绘效果图学习，并得到理论与技能方面的显著提升。

本书图文并茂，内容翔实丰富，配图针对性强，具有较高的学习和借鉴价值。不仅适合高等院校工业设计专业的师生教学使用，也适合相关产品设计类从业人员、手绘研究者阅读与参考。

图书在版编目（CIP）数据

产品手绘效果图 / 郑莉珍，薛丹丹著 . —北京：中国纺织出版社，2018.6 （2024.1重印）

ISBN 978-7-5180-4536-5

Ⅰ．①产… Ⅱ．①郑… ②薛… Ⅲ．①产品设计—绘画技法 Ⅳ．① TB472

中国版本图书馆 CIP 数据核字（2017）第 324933 号

策划编辑：李春奕　责任编辑：杨　勇　责任校对：王花妮
责任设计：何　建　责任印制：王艳丽

中国纺织出版社出版发行
地址：北京市朝阳区百子湾东里 A407 号楼　邮政编码：100124
销售电话：010 — 67004422　传真：010 — 87155801
http://www.c-textilep.com
E-mail:faxing@c-textilep.com
中国纺织出版社天猫旗舰店
官方微博 http://weibo.com/2119887771
北京通天印刷有限责任公司印刷　各地新华书店经销
2018 年 6 月第 1 版　2024 年 1 月第 2 次印刷
开本：889×1194　1/16　印张：8.5
字数：108 千字　定价：59.80 元

前言

　　近年来，随着人们对工业产品设计的重视，计算机图形技术日益发展，三维软件已经可以模拟出不同视角下非常逼真的产品视觉空间效果。但是产品手绘效果图作为产品设计的另一种表现语言和视觉手段，也一直被设计师认为是一种必备的专业技能。它们往往出现在产品设计流程中的不同阶段，手绘效果图主要是在产品创意阶段和产品讨论交流阶段使用，计算机软件则在产品方案比较完善、产品尺寸比例已经较为精准的情况下进行。产品手绘效果图和产品计算机绘图软件可以被视为产品视觉表现的两驾马车，二者齐驱并行，相得益彰。

　　在产品的设计过程中，产品手绘效果图是设计师在思维创意过程中一个很重要的创意再现，它要求用精准的线条、准确的色彩表现出产品的形体起伏关系和产品的整体特征。学习手绘技能并非一日之功，需要初学者通过一个长期的有效学习过程，进行不断练习实践，持之以恒，方能见效。

　　本书是针对工业设计专业的学生、手绘零经验的初学者和产品手绘爱好者进行编写的。文中采用浅显易懂的文字与图形，对产品手绘效果图中常用的线条、透视规律、明暗规律以及马克笔工具的上色等技法进行了深入浅出的说明，从而使初学者能够更科学、更规范、更有效地进行有的放矢的学习，少走弯路，提高学习效率，提升学习效果。

　　最后，感谢在本书的编写过程中给予指导与帮助的刘国余教授，以及促成此书顺利出版的卢行芳老师、焦合金老师，感谢在笔者和薛丹丹老师指导下工业设计专业的冯光霞、沈天宇、洪仁、王荣增、杨露雅等学生提供的若干课程习作。本书若存在不足之处，望读者多加批评指正。

著者

2018 年 1 月

目录

产品线条图表现

产品平面视图马克笔手绘表现

产品立体视图马克笔手绘表现

第
一
章

产品手绘效果图的
基础知识

产品设计与产品手绘效果图

作为一名当代工业设计师，需要具备与设计岗位相匹配的职业能力。美国作为全世界发展迅猛的工业设计强国，其工业设计师协会曾对全美设计公司进行关于设计师素质要求的调查，其调查结果表明设计师首要的职业能力为创新力，紧随其后排名第二的是设计师徒手作图的能力。设计师的灵感总是稍纵即逝，捕捉这种珍贵的思维火花就需要进行手绘表现，这种产品手绘效果图能很好的成为设计师的"记忆线索"，将灵感进行成功"瞬间定格"，为设计师以后的产品设计方案深入提供很好的前期二维视觉资料。通常良好的想法沟通来源于语言的表达，而作为设计师，语言的表达往往还不能够完全将自己的设计意图和设计构思进行阐述，手绘效果图就是很好的短期

沟通桥梁。

产品手绘效果图不仅仅是产品设计初期阶段设计师的灵感记录，也不仅限于是产品方案探讨与交流的纸质媒介。在产品设计过程中，往往在后期阶段仍采用产品手绘效果图进行展示与广告宣传，这种手绘效果图具有很高的审美价值，能够以一种手绘形式来诠释产品的形态、色彩与肌理效果等，从而打动观者（图1-1）。综上所述，在产品设计的整个过程中，产品手绘效果图具有较高的使用价值和艺术价值，产品手绘效果图的重要作用日趋受到重视。目前，工业设计行业已出现专职人员从事产品手绘效果图的工作岗位。

图 1-1 汽车手绘效果图

第二节

产品设计表现图类型

产品设计表现图是指产品造型、色彩、结构、比例、材质等元素的综合表现。在产品设计过程中由于其所处的不同设计阶段，它将会以不同表现形式的产品效果图来对设计产品对象进行有针对性的表达与诠释。

产品设计表现图一般分为三种类型：产品手绘效果图（图1-2）、产品工程制图（图1-3）与计算机三维效果图（图1-4）。产品手绘效果图既是设计者记录产品设计构思与修改过程的重要视觉表现媒介，也是设计者呈现设计作品的表现形式。产品工程制图是指用计算机绘制的尺寸图，一般用于产品方案确定后的精确表现阶段，它为

产品完善后的模具制作提供前期的详化尺寸。计算机三维效果图是指产品设计方案、尺寸已经确定后的计算机建模阶段绘制的三维图形，它能比较逼真地还原产品各个角度的形态特征。

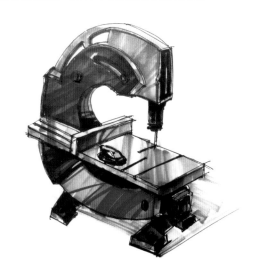

图 1-2　产品手绘效果图（类型一）

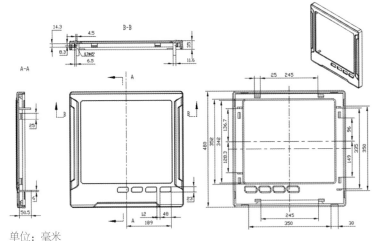

单位：毫米

图 1-3　产品工程制图（类型二）

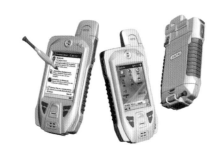

图 1-4　计算机三维效果图（类型三）

第三节

产品手绘效果图的基本概念及分类

产品手绘效果图是指通过徒手绘制而达到的符合透视规律的表现产品空间形态、结构、材质、功能等元素的产品综合效果表达。

产品手绘效果图根据绘制的速度可分为产品速写（图1-5）与产品慢写（图1-6）。速写适合产品设计构思阶段的设计灵感捕捉，或作为直观图形媒介用于产品构思过程中设计师的讨论与交流工具，侧重于产品创意的表达；慢写常用于设计的展开与深入阶段，注重对产品的精细描绘表达，但是这种产品慢写费时费力，现在逐渐被产品计算机三维效果图所替代。

产品手绘效果图根据有无上色效果，可分为线条图（图1-7）与渲染图（图1-8）。产品线条图即为构思草图，注重造型、结构的线框表现，无色彩，属于产品构思概括性描绘；产品渲染图是前者的深入表现，有色彩，画面更丰富生动，属于比较详尽的效果图。这两种产品手绘效果图主要是为设计师的设计前后进程的意图进行服务。

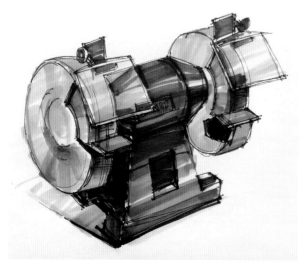

图 1-5　手绘效果图——速写，特点是生动

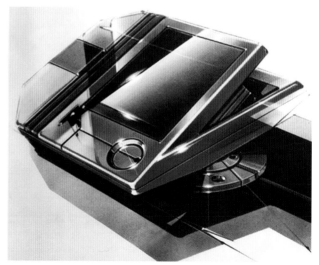

图 1-6　手绘效果图——慢写，特点是精细
来源：清水吉治《产品设计草图》

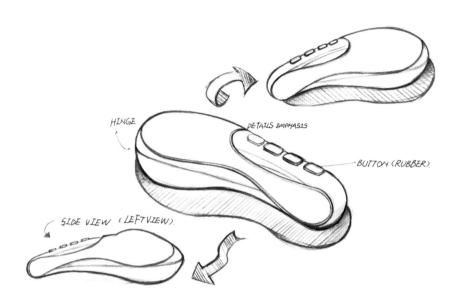

HINGE

DETAILS EMPHASIS

BUTTON (RUBBER)

SIDE VIEW (LEFT VIEW)

图 1-7　手绘效果图——线条图

图 1-8　手绘效果图——渲染图

第四节

产品手绘效果图与其他产品表现图的异同性

一、产品手绘效果图与其他产品表现图的相同性

产品手绘效果图、产品工程制图、计算机三维效果图主要是根据产品设计流程中所处不同阶段的设计需要，运用不同的产品表现形式对产品进行针对性的深入设计与设计产出的一个过程。根据产品设计流程的前后顺序，手绘效果图处于产品设计构思阶段，此时设计师的创意想法迭出，要求手绘效果图表现快速、直观。产品工程制图属于产品方案已定阶段，具有线条严谨、尺寸精准的特点。计算机三维效果图，即三维模型图，其特点是产品结构严谨、模拟真实性强，但计算机绘制时间较长。因此，它们的共同性都是为产品局部或全貌进行有的放矢的直观性、表现性服务。

二、产品手绘效果图与其他产品表现图的差异性

产品手绘效果图表现形式丰富，可由水彩、水粉、彩铅、色粉与马克笔等工具进行生动表现。但考虑到产品速度、效率与最终的绘制效果，现今企业、公司设计师都会选择以马克笔为主的媒介进行产品表现，再适时辅以彩铅、水粉等工具，让效果图的效果达到最佳。

（一）产品手绘效果图与产品工程制图的差异性

（1）表现内容：前者是对产品的效果表现，后者是对产品的尺寸说明。

（2）表现形式：前者可以运用色彩丰富手绘产品效果，后者是单色线条表现形式。

（3）表现阶段：前者是后者的前期阶段，后者是前者深入设计表现的延续阶段。

（二）产品手绘效果图与计算机三维效果图的差异性

（1）在运用媒介上：前者比后者绘制时间要快速许多，前者借助笔、纸等工具进行徒手绘制，后者则需借助计算机及三维软件进行建模制作。

（2）在真实还原产品角度上：由于后者绘制要输入准确的数值才能建模，因此它比前者要更精准，更有真实感（图1-9）。

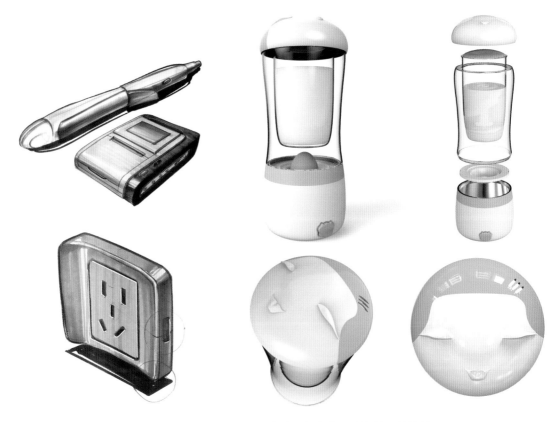

图 1-9　产品手绘效果图与计算机三维效果图在真实还原产品上的比较

（3）在表现阶段上：前者与后者分别处于产品构思阶段与产品方案确定阶段，两者保持一定的内在连续性。在产品设计过程中，可以把后者看作是前者的一种递升的写实表现（图 1-10）。

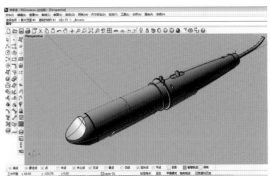

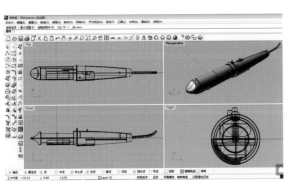

图 1-10　产品手绘效果图与计算机三维效果图在产品前后表现阶段的比较

第二章 产品手绘效果图基础训练

第一节

透视规律

"透视"一词来自拉丁文"Perspicere"，意为"透而视之"。含义是通过透明平面观察，研究透视图形的发生原理、变化规律和图形画法，最终使三维景物的立体空间形状落实在二维平面上。透视规律是指透视作图时所运用的将三维景物的立体空间形状落实到二维平面上的基本规律，包括直线透视规律和曲线透视规律。

一、产品透视规律的特点

（1）近大远小：一个物体里存在等长的线条，近处长，远处短。两个及两个以上等大物体放置于空间中，近处显大，远处显小。

（2）近实远虚：近处的物体显清晰，远处的物体显模糊，清晰与模糊是相对而言的概念。产品手绘效果图中，表现为线条的深浅轻重、色彩的明暗、冷暖的变化、对比的强弱等。

二、产品透视规律的类型

（一）一点透视

1. 一点透视的定义

一点透视，也称为平行透视，即一个立方体只要有一个面与画面平行，透视线消失于心点的作图方法。产品三视图是指能够正确反映产品物体长、宽、高尺寸的正投影工程图，通常指主视图、俯视图、左视图三个基本视图，这是工程界一种对物体几何形状约定俗成的抽象表达方式。一点透视在产品手绘效果图中常侧重于表现产品的正立面，产品三视图也属于一点透视。

2. 一点透视的要点

在一点透视规律中，产品至少有一组平行线与视平线存在平行关系，其他线条延伸至远处最终汇集于一点。可归纳为以下三个原则：

（1）平行于视平线的线条方向永远平行。

（2）垂直于视平线的线条方向永远垂直。

（3）向三维纵向延伸的线条最后汇集于一点（视点），并且只有这一个点。

3. 九个立方体透视图

一点透视是根据视点位置固定不变，观察同

一立方体在发生位置变化时的规律，通常可以得到九个立方体透视图类型（图2-1），要求熟练掌握，会背会默。当看到属于一点透视的产品时，要能够准确地说出其在一点透视下九个立方体透视图中所属的准确位置。将一点透视的仰视、平视、俯视角度分为三类，视平线以上的三个立方体分为一类，视平线上的三个立方体分为一类，视平线以下的立方体分为一类。为了便于记忆，根据其所处的方位，将处于视平线上方的三个立方体称为左上、中上、右上，处于视平线上的三个立方体称为左中、中中、右中，处于视平线以下的三个立方体称为左下、中下、右下。

在一点透视的产品图中，最常选用的是中中、中下位置的产品视角。中中位置常用于表现产品的三视图或六视图，它属于比较平面化的一个角

度，没有发生透视效果。中下位置则用于俯视角度，可以表现产品的主要界面特征，带有透视径深的空间效果（图2-2、图2-3）。

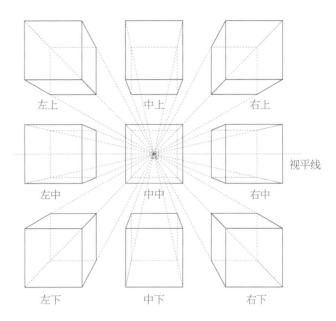

图 2-1　九个立方体透视图类型

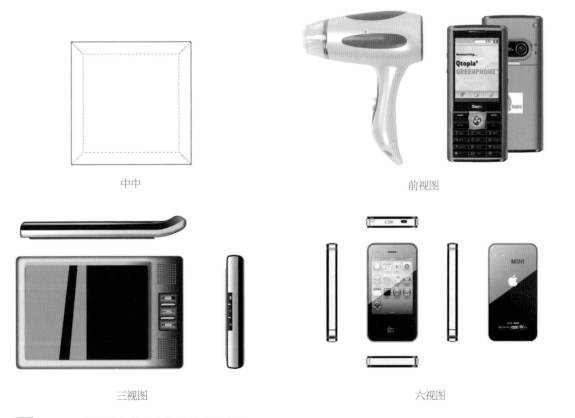

中中

前视图

三视图

六视图

图 2-2　一点透视中的中中位置的产品表现

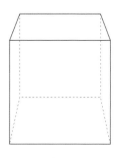

中下

立体图

图 2-3　一点透视中的中下位置的产品表现

（二）二点透视

1. 二点透视的定义

二点透视，也称为成角透视，即一个立方体任何一个面都不与画面平行，并与画面形成一定的角度，但是立方体垂直线条方向不发生透视变化，永远垂直于视平线。而透视方向发生改变的线条，即称为透视变线，则消失于视平线两边的余点上。这种透视在产品手绘效果图中最为常见，因为它最符合正常视觉的透视，比较接近人的真实感受，也最富立体感。

2. 二点透视的要点

在二点透视规律中，产品至少有一组平行线条保持垂直关系，其他平行线条与视平线不保持平行，并形成一定的角度关系。由此可归纳为以下两个原则（图2-4）：

（1）垂直于视平线的线条永远保持垂直方向。

（2）不垂直的平行线条由于透视方向的原因，必为消失于视平线上视点的左右两个消失点（即余点）。

3. 二点透视规律中产品在视平线上的三种透视角度

二点透视规律中产品在视平线上的角度通常存在着三种透视情况，它们是产品手绘效果图表达中较为常见的透视角度（图2-5）：第一种透视角度是产品的底部与视平线吻合，底部的线条方向呈水平线状态；第二种透视角度是产品在视平线中；第三种透视角度是产品的顶部与视平线吻合，顶部的线条方向呈水平线状态。在二点透视规律下，此三种透视角度的共性是只能看到产品的两个面，而在视平线以上或以下的产品则会看到三个面。

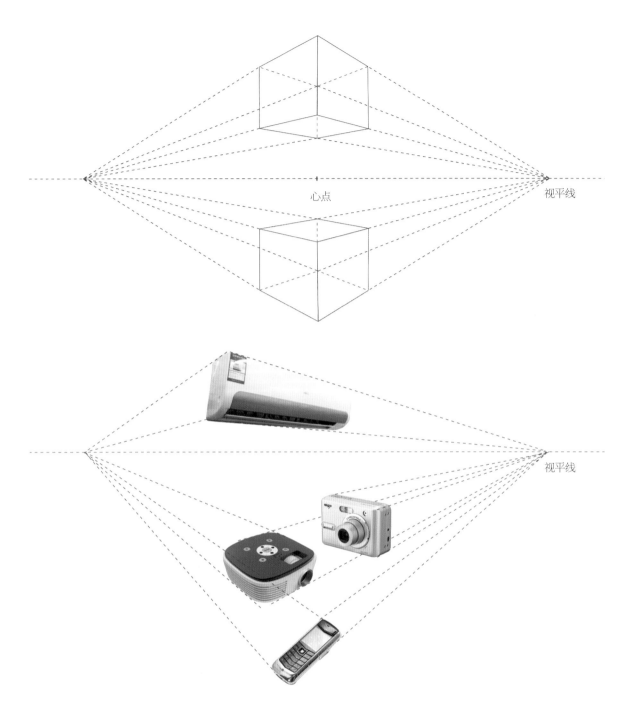

心点   视平线

视平线

图 2-4　二点透视

（三）三点透视

1. 三点透视的定义

三点透视，也称为倾斜透视，一个立方体任何一个面都倾斜于画面（即人眼在俯视或仰视立体时），除画面上存在左右两个消失点外，上或

下还产生一个消失点，因而此立方体为三点透视。这种透视在产品手绘中很少使用，因为其视觉效果与实际产品真实符合度没有一点透视和二点透视接近。另外，此透视类型一般适用于较高大的物体造型，因此三点透视角度的选择会在画建筑

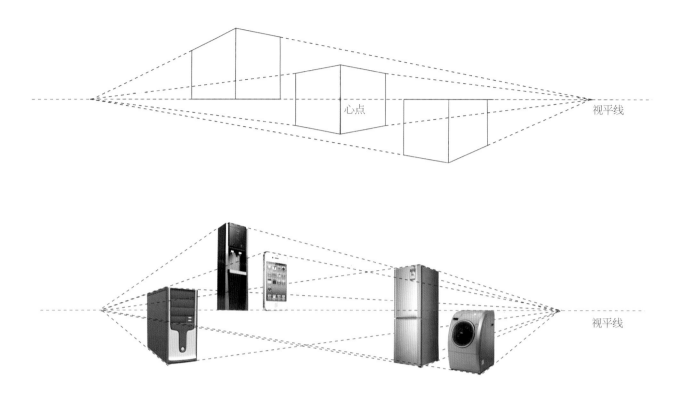

视平线

心点

视平线

图 2-5　产品在视平线上的三种透视角度

效果图中比较常用，建筑体本身形体具有高大的显著特征，适合用三点透视。

2. 三点透视的要点

在三点透视规律中，产品既无一组平行线条与视平线保持垂直关系，同时与视平线也不保持平行关系，产品线条既不垂直也不平行。由此可归纳为以下三个原则（图2-6）：

（1）存在三个平行线条的消失点。

（2）平行的线条既不平行于视平线，也不垂直于视平线。

（3）运用三点透视的最大优势可以凸显物体的"高大气势"，但也会与其真实三维形态的还原有一定的差距，不能较真实的反映物体本身形态与比例，是一种稍带"变形"的透视。因此，这种透视类型的视角一般不作为产品手绘效果图的最佳视角选择，故不再赘述。

三点透视

图 2-6　三点透视的产品

第二节

手绘工具媒介

在产品手绘效果图表现过程中，手绘技法和手绘材料都对产品设计表现的最终效果起重要的影响作用，在一定程度上能够辅助设计师充分表达自己的设计意图。作为产品手绘效果图的工具媒介，目前以色彩丰富、速干、使用简便、携带方便而被设计界广泛使用的各色签字笔、马克笔、色粉、彩色铅笔等为主，它们因灵活、快速、方便的使用特点备受设计师们的喜爱与推崇，在工业产品、园景、服装、动漫等手绘效果图领域被广泛使用。

对于产品手绘工具，应该有正确的认识，它们只是手绘表现的媒介工具，其作用是丰富画面效果。手绘技法的强弱是驾驭手绘工具及其表现效果的核心。在这里只是对最普遍、最常用的手绘工具作简单的介绍，但这绝不是目前仅有的工具，笔者认为对手绘表达起辅助作用的任何工具都可以作为产品手绘效果图的工具媒介，不能绝对化，可以积极地寻找、开发、拓展属于个人手绘风格特色的手绘工具。

一、线条工具（单色工具）

（一）铅笔

铅笔分为普通铅笔与自动铅笔两种。普通铅笔，按照笔芯从硬至软的顺序分为 6H~6B，但在产品手绘效果图中一般使用 HB 以上铅芯偏中性或偏软性的铅笔。普通铅笔线条有轻重、粗细、虚实的变化，能产生厚重的、轻盈的视觉效果。普通铅笔还可以有尖锋与侧锋之分，要根据具体的明暗表现选择合适的铅笔笔锋类型。普通铅笔的弱点是在产品手绘中，在表现产品的细节局部时，其线条有时会显得过粗，这点不如针管笔方便采用。

自动铅笔绘制线条粗细一致，虽然不及普通的铅笔、炭笔能表现出丰富的线条与轻重变化，但它不需要时时削笔，使用方便、简单、效率高。

（二）炭笔

产品手绘效果图中除铅笔工具之外，还有一种常用工具是炭笔。

炭笔，其笔芯的材料主要为木炭粉。炭笔比铅笔绘制出的线条更黑，视觉效果更强烈。但是炭笔在绘画的过程中，因其附着力不强，画面和手容易弄脏。如果要进行长时间的保存，画稿作品还需喷上一层保护胶，以加强炭在纸面上的吸附力。

（三）圆珠笔

圆珠笔，或称为原子笔，是使用干稠性油墨，依靠笔头上自由转动的钢珠带出来转写到纸上的一种书写工具，有不渗漏、书写方便、笔触流畅的特点以及无需经常灌注墨水等优点，而价格又较低廉，因此成为设计师经常采用的手绘工具。普通圆珠笔线条的起点和终点常会有墨点产生，所以选择质量较好的圆珠笔则可避免这种情况的发生。

（四）中性笔

书写介质的黏度介于水性和油性之间。中性笔起源于日本，是目前国际上流行的一种新颖的书写工具。市场上的签字笔、水笔等都是中性笔。

中性笔因其一次性抛弃型笔芯、方便的使用性能、便宜的市场价格，而成为设计师们常用的手绘工具之一，用其绘制的线条流畅、精准、明确。中性笔根据不同的型号有粗细之分，目前市场上常见 0.3mm、0.5mm、0.7mm、0.9mm 等通用型号的中性笔，其中以 0.5mm 最为常见（图 2-7）。

（五）针管笔

针管笔，又称为绘图笔、绘图墨水笔，原为工程制图用的描图笔，是专门用于绘制墨线线条图的工具，可画出精确且等宽的线条，故常用于产品手绘效果图的起稿绘制与线条图表现。针管笔的针管管径的大小决定所绘线条的宽窄。目前市场上出售的针管笔同一种品牌用不同的型号进行区分，不同型号代表管径的大小与线条的粗细（图 2-8），如 0.1mm、0.2mm、0.3mm、0.4mm、0.5mm、0.6mm……直至 1.2mm。0.1mm 指该笔

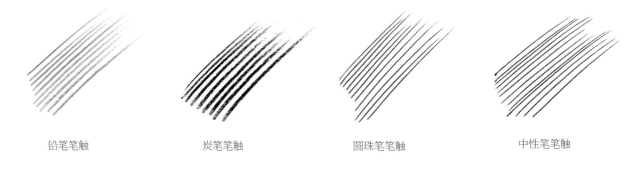

铅笔笔触　　　　　炭笔笔触　　　　　圆珠笔笔触　　　　　中性笔笔触

图 2-7　铅笔、炭笔、圆珠笔与中性笔笔触

图 2-8　不同粗细型号的针管笔

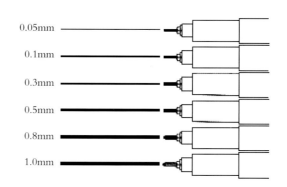

绘制出来的线条为 0.1mm 宽度，0.2mm 指该笔绘制出来的线条为 0.2mm 宽度，以此类推，其中 0.1mm 为最细的线条，最粗的线条为 1.2mm。不同品牌其最粗与最细的数值设置有些微不同，如市场上常见的日本樱花针管笔最细的为 0.05mm，比常见的 0.1mm 针管笔绘制的线条更细。

针管笔分为一次性预置墨水针管笔与注入式墨水针管笔两种类型：一次性预置墨水针管笔，当墨水用完后笔的寿命也随之完结，需另外购买使用；注入式墨水针管笔，当墨水用完后，配有专用墨水注入，可重复使用，使用寿命长。一般手绘作画时，为满足产品线条粗细变化的需要，往往会使用多支粗细不同的针管笔进行交替使用。针管笔目前行内口碑较好的品牌有德国的施德楼、红环，日本的樱花、三菱、美辉，还有中国的英雄等诸多品牌可供选择。

二、色彩工具（多色工具）

目前，产品手绘效果图最常见的着色工具为彩色铅笔、马克笔与色粉笔，其中以马克笔最为常用，并且这三种工具可以相互两两结合使用，如在产品手绘效果图过程中，彩色铅笔可与马克笔结合使用，马克笔可与色粉笔结合使用，彩色铅笔也可与色粉笔结合使用，这种相互结合使用可以使上色过渡更加微妙，色彩衔接更加自然，使产品的手绘效果更佳。

（一）彩色铅笔

彩色铅笔，简称为彩铅，色彩丰富多样，着色具有透明、轻快的特点（图 2-9）。设计师经常

图 2-9　彩色铅笔及笔触

选择某一单支彩铅进行产品手绘效果图的起稿勾勒，相对于铅笔来说彩铅色彩更丰富，与炭笔比较更显纸面干净、不易弄脏，一般起稿都采用比较偏暗的彩铅颜色，如蓝色、黑色等。彩铅分为水溶性彩铅与不溶性彩铅两种类型，两者的区别在于水溶性彩铅在彩铅着色后，如不蘸水，效果与不溶性彩铅是一样的，但遇水后色彩则会晕染开来，色块笔触相互融合渗透，呈现出一种水彩般的效果。在产品手绘效果图中，国内常用的彩铅品牌是德国的辉柏嘉、马可等。彩色铅笔的包装色系一般分为 12 色系列、24 色系列、36 色系列、48 色系列、72 色系列、96 色系列等。

（二）马克笔

马克笔，又称为麦克笔，是产品手绘效果图表现中最主要的媒介工具（图 2-10）。马克笔在绘制过程中可依据笔头的旋转画出不同粗细宽度

的笔触。基于马克笔上色笔触明显、色块透明、色彩响亮，速干、笔触可叠加反复等特点，马克笔深受国内外设计师的欢迎与青睐。

马克笔常用灰色系，分为冷灰色系、暖灰色系、蓝灰色系与绿灰色系，其中冷灰色系在表现工业产品中最为常用，其次为蓝灰色系。马克笔配色中冷灰为 CG（Cold Grey）、暖灰为 WG（Warm Grey）、蓝灰为 BG（Blue Grey），冷灰色系马克笔根据色彩明度进行编号，如冷灰 CG1、CG2、CG3、CG4……色彩明度按高至低进行递增。马克笔的色彩非常丰富，但基本上无需全部买齐，可根据实际需要和自己的喜好选择性购买，建议必备灰色系马克笔，再在红、黄、蓝、绿色系中挑选若干支高彩度与高透明度的马克笔即可。

马克笔根据墨水可以分为油性马克笔、水性马克笔、酒精性马克笔；根据笔头数量可以分为双头马克笔与单头马克笔；根据笔头造型可以分为圆头马克笔、斜方头马克笔。

马克笔运笔时，应力求干脆果断，笔触清晰，下笔快速、忌缓慢，通过适度的笔触叠加使颜色变深。需要重视的是，过度笔触叠加会使马克笔色彩混浊、笔触模糊，干扰画面的上色效果。

马克笔的品牌主要有：韩国的感触（Touch），德国的辉柏嘉（Faber-Castell）、日本的酷笔客（Copic）、美辉（Marvy），美国的三福（Sharpie），中国的宝克、斯塔（Sta）等。

（三）色粉笔

色粉笔，简称为色粉，是一种粉质材料的颜色工具（图2-11）。色粉笔绘制的色彩过渡微妙柔和、层次丰富自然。在马克笔产品手绘效果图中，除单纯用色粉笔来表现产品明暗色彩效果外，

还常被用在马克笔表现产品暗部与亮部两者的过渡衔接部分，色粉笔能很好的表现工业金属、镜面等高反光材质的质感。色粉笔与马克笔结合的产品手绘表现较为常见。

在色粉笔的使用过程中，不可直接涂抹而需

图 2-10　马克笔及笔触

图 2-11　色粉笔

用工具刀将色粉笔刮成粉末状，再用棉纸、化妆棉、餐巾纸或手指等吸附色粉末，涂抹在绘画所需的位置。通过色粉粉末的多少与用力的大小形成色彩的自然渐变。由于色粉是颗粒粉末吸附于纸上，所以待画完后需喷保护胶，否则用色粉笔上色维持原样有一定困难。

三、其他辅助工具

（一）纸张

产品手绘效果图对纸张的要求不高，基本上任何纸张都可以用于作画。常用纸张为复印纸、硫酸纸、色彩纸、马克纸、牛皮纸等，其中以复印纸和马克纸最为常用。有时候为追求特殊效果，也会采用一些比较特殊的纸张。一般来说，只要纸张质地细腻、洁白、防渗透就都可以成为产品手绘的纸张媒介。

（二）定画液

定画液也称为保护胶，是一种胶质工具，用来强化彩铅、色粉等诸如此类手绘工具的粉质吸附力。它的最终作用是为了便于产品手绘效果图作品的长期保存。

（三）高光笔

高光笔的作用是在产品手绘效果图绘制过程中，对高光部分的细节描绘。高光笔可以直接购买，也可将白色修正笔或白色彩铅作为高光笔使用。高光笔虽然绘制的面积较小，但它在整个产品绘制中起着画龙点睛的重要作用，一支出水流畅、质量较好的高光笔会让你的手绘图事半功倍、不可或缺。

（四）针管墨水

针管墨水是为注入式墨水针管笔所配备的。通过墨水的灌注，针管笔可以反复使用，延长使用寿命。一般针管笔的墨水最好与针管笔为同一品牌，且要注意产品质量。品质差的墨水会堵塞针管，影响针管笔的出水流畅，导致使用效果不佳，因此建议购买有品牌保证、质量良好的墨水。

在产品手绘效果图绘制过程中，还有其他很多辅助工具，如尺、橡皮擦、纸胶带、修正液等，它们的作用是使设计师绘制产品时更加得心应手，帮助设计师顺利的完成产品画稿（图2-12）。

图 2-12 手绘效果图常用工具与辅助工具

构图元素

通过优秀产品手绘效果图作品的横向比较，从不同的产品手绘中抽离其差异性，从效果图构成元素层面去分析，则不难发现它们之间存在的共性，共性方面通常包括以下构成元素：产品、投影、箭头、文字、背景、产品截面辅助线、辅助图形等。而这些构图元素并不是必须都同时存在的，设计师可以根据效果图画面的表现意图来进行选择，使产品手绘效果图表现产品时画面更直观、更丰富、更生动。

一、产品

产品手绘效果图的核心主角是产品，产品在构图元素中起着主导作用，一般放置于画面的视觉中心位置。在画面的构成中，同一产品一般采取多角度的表现手法，使产品的三维形态得到完整的、全面的展现。在构图设计中，产品视角的选择、多角度产品的平行并置、前后空间重叠、产品局部放大、二维三视图、产品三维透视表现等，均可作为丰富灵活的产品构图表现形式，其产品表现形式的丰富灵活，也可根据画面、产品设计构思、个人手绘风格等需要进行针对性的选

择与表现。

二、投影

产品素描与产品手绘效果图两者对于投影有不同的需求。产品素描在表现产品明暗关系时，投影是必须要表现的；产品手绘效果图在表现产品时，无论是线条图还是明暗图均可根据画面构图的需要进行绘制，无需强制画出投影。作为构图中的投影元素，投影可增强画面产品的体量厚重感，但要充分考虑产品投影与构图背景之间的衔接，以及与整个画面的和谐度，在产品多视角表现的手绘效果图中，无需所有的产品都画出投影，选择性的进行投影表现，可突出画面中着重表现的主视觉产品。投影通常分为平涂型投影（图 2-13）与排线型投影两种类型（图 2-14）。

三、箭头

产品手绘效果图中的箭头在表现产品的功能、细节展示、文字说明中是不可缺少的构图元素。箭头的指示功能让产品的局部细节、功能用途更

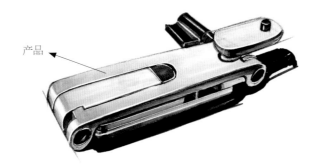

图 2-13 平涂型投影

图 2-14 排线型投影

加凸显，让观者能够更好地理解产品的优势，让设计沟通更加顺畅。同时，箭头本身有很多符号化的形态表现，它的多样造型，也增加了画面的活泼与灵动感。

四、文字

在产品手绘效果图的构图中，文字元素是对手绘产品的一种辅助说明，文字元素的特点是力求扼要精简，用最精准的文字进行概括性说明。它能深入挖掘产品的特征，对二维手绘没有直观表现出来的产品功能、用途、操作界面等进行补充说明，完善产品手绘效果图中的产品信息量，帮助观者全面性的了解产品。通常来讲，文字元素会与箭头元素在构图中同时出现，文字的补充性说明性质与箭头的指示功能两者结合，能更好地传达产品的"针对性"相关信息，使产品手绘效果图出现一种"图文并茂"的效果。当然，这些都是根据设计意图的需要进行选择性使用，并不是一定要出现在画面中的构图元素之一。

在产品手绘效果图中，通过产品、投影、箭头与文字元素的灵活运用、巧妙布局，可以使画面构图效果更加生动、丰富（图2-15）。

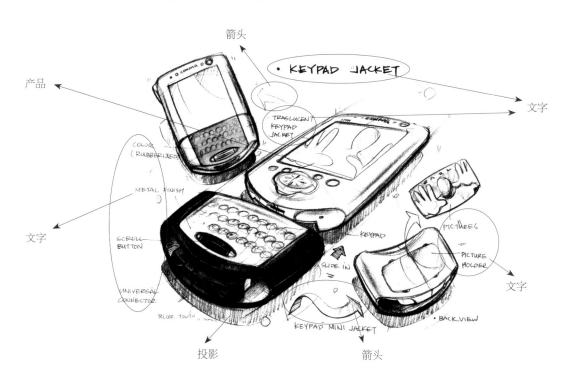

图 2-15　构图元素——产品、投影、箭头与文字
（来源：刘传凯《产品创意设计》）

五、背景

产品手绘效果图的背景在画面中没有实质性的信息传达含义，背景有线条型背景（图2-16）和块面型背景（图2-17）之分。作为构图中的背景元素，它有两方面的作用：一方面是衬托主体物（即产品），尤其是突出产品的外轮廓线，使其更加分明；另一方面是丰富画面的整体效果，将多个产品或构图元素进行串联或分组。画面构图中的其他元素像一颗颗珍珠，而背景则像一条绳素，将各颗珍珠进行串联，使画面更加整体化、统一化。同时，也可运用背景对画面中不同角度表现的产品进行疏密分组，使画面形成一种生动的对比构图。

六、产品截面辅助线

产品截面辅助线不是实际存在的真实线条，而是指在产品某一界面上设计师给产品添加的左右对称的分割线。产品截面辅助线能根据产品的透视规律，使界面上的对称划分面出现近大远小、近长远短的透视结果（图2-18）。产品截面辅

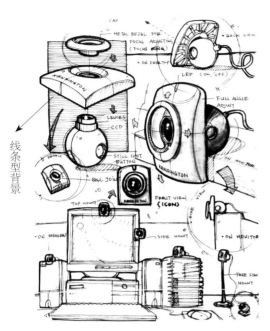

图 2-16 线条型背景

图 2-17 块面型背景

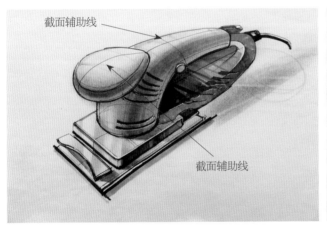

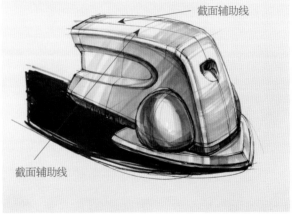

图 2-18 产品的截面辅助线

线在产品手绘效果图中通常有两个作用：一是通过产品截面辅助线来加强产品的空间透视感，并可将其作为产品绘制的参考辅助线。由于大多数产品的部分按键、屏幕、指示灯等位置都设计在其界面的中心垂直线（即产品截面线）上，所以以产品截面线为依据，可以在绘制其部件时找到透视的准确位置。二是产品截面辅助线，着重强调造型，即产品界面的起伏凹凸造型，使产品的形态更加明晰完整。值得注意的是产品截面辅助线实际并不存在，是设计师主观添加的辅助性线条。在实际绘制产品手绘效果图时应从实际出发，自主添加，用线建议尽量细，不可过粗，以免影响产品的整体效果。产品截面辅助线对形体的辅助表现将在本书后续内容中进行详解。

七、辅助图形

所谓辅助图形，是指产品手绘效果图中除产品之外的图形，它的作用是帮助观者更全面的了解产品（图2-19）。例如，手表，它的辅助图形是人佩戴手表的手臂；书包，它的辅助图形是人背书包的情境图形；自行车，它的辅助图形是人骑自行车的情境图形等。可见，辅助图形大多数是为了表现某一产品的使用情境、使用功能、使用方式等。作为构图元素的辅助图形，它会根据产品手绘表达意图进行选择性的添加辅助图形，在画面中产品表现仍是主角，辅助图形是配角，两者的主次关系一定要区分清楚，不可混淆。

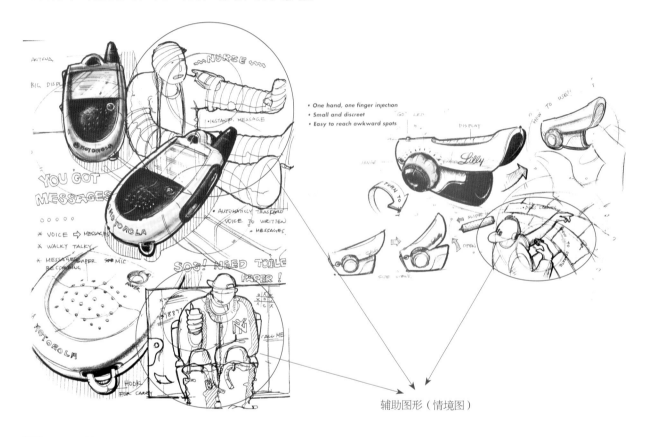

辅助图形（情境图）

图 2-19　辅助图形
（**来源**：刘传凯《产品创意设计》）

第四节

线的手绘训练

在产品手绘效果图中，线、面、体是一个循序渐进的手绘要素递增关系。线是最基本的要素，若干线条组成面，若干面又组成体，单体或者复合形体就呈现出产品的完整全貌。在手绘过程中，要求手、眼、脑三者高度配合，这就需要进行一个阶段的线、面、体练习，通过不断的反复实践，对线、面、体及其相关的透视、比例关系都有一定的掌控能力，并且在绘制过程中深化对产品形态的归纳、演绎能力，这样才能进行下一步产品手绘效果图的上色，否则一切都是纸上谈兵。

线的练习分为直线训练与曲线训练。

一、直线训练

在直线练习中，可进行不同角度的直线绘制，

如水平线、垂直线、斜线等。

（一）水平线绘制

先画两条垂直线，然后在两条垂线的间隔平面空间中，尽量画出间隔平均、等距的平行水平线。当然，线与线之间等距越均匀越好，力求间隔越小越好，切忌线与线之间重叠（图2-20）。

（二）垂直线绘制

先画两条水平线，然后在两条水平线的间隔平面空间中，尽量画出间隔平均、等距的平行垂直线。线与线之间等距越均匀越好，力求间隔越小越好，切忌线与线之间重叠（图2-21）。

（三）斜线绘制

同样先画两条水平线，然后随意选择一个角度画斜线，以第一条斜线为参照，绘制出间隔均匀、等距的平行斜线，所有的线条都要保持同一

图 2-20   水平线绘制

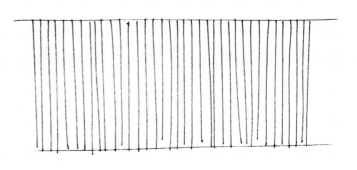

图 2-21   垂直线绘制

倾斜角度。注意，线与线之间等距越均匀越好，力求间隔越小越好，切忌线与线之间重叠（图2-22）。

1. 通过两条水平线确定斜线绘制

根据以上所画的一组平行斜线，再从反方向进行平行斜线的绘制，最后画面出现两组不同方向的交叉线条（图2-23）。

2. 过点斜线绘制

通过点确定斜线的绘制，可以看出斜线受到线本身倾斜角度与长度的约束，但有时斜线绘制也会受到其他要求的限制，现对以下三种过点斜线的绘制要求进行说明。

（1）经过一点绘制斜线：在纸上任意绘制一点，经过此点画任意线条，线条长短不受限制，最后形成一种线条发射的效果（图2-24）。

（2）经过两点绘制斜线：在纸上任意绘制两点，绘制一条直线将两点进行连接，即两点一线的绘制。绘制的线条可以是水平线、垂直线、斜线等，线条的长度受两点之间距离的限制（图2-25）。

（3）经过多点绘制斜线：在纸上任意绘制多点，通过两点的连线进行任意连接，力求线条精准、明确、干脆（图2-26）。

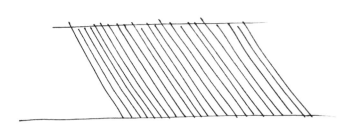

图 2-22 一组单方向斜线的绘制

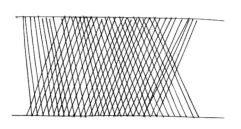

图 2-23 两组不同方向斜线的绘制

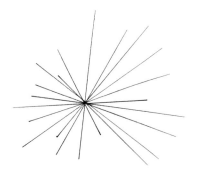

图 2-24 经过一点绘制斜线

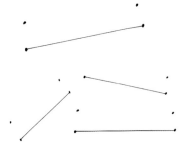

图 2-25 经过两点绘制斜线

任意布点绘制

连接任意两点绘制斜线

图 2-26 经过多点绘制斜线

二、曲线训练

曲线比直线的绘制难度有所加大，大多数具有美好形态的现代产品都在造型上或多或少存在曲面形态。因此，任意画出一条优美弧线在表现产品形态手绘技法上是必备的条件之一。

（一）正圆绘制

（1）通过绘制四条垂直关系线条画出一个正方形，然后在正方形中再画出与正方形四条边相切的一个正圆（图2-27）。

（2）通过绘制两条水平平行线，在这两条水平线内绘制若干等大并边缘相切的正圆（图2-28）。

（3）任意绘制一个正圆，并以此正圆为参照，画出任意方向与之相切的圆，所画圆的大小不作要求，随之画出与画面存在的所有圆相切的若干大小正圆（图2-29）。

（二）椭圆绘制

（1）通过绘制两条水平平行线，在这两条水平线内绘制若干等大并边缘相切的椭圆（图2-30）。

（2）在纸上绘制任意角度的椭圆，紧接着绘

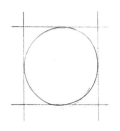

图 2-27 正圆的绘制

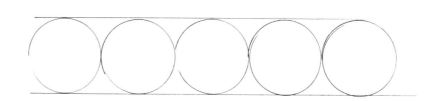

图 2-28 若干相切正圆的绘制

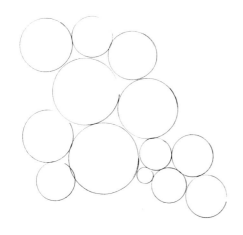

图 2-29 任意大小相切圆的绘制

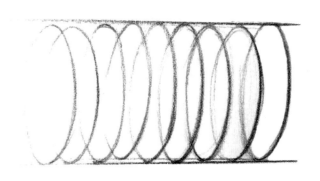

图 2-30 边缘相切椭圆的绘制

制另一个椭圆，使之与前面的椭圆边任意点进行相切，以此类推（图2-31）。

线（图2-32）。曲线力求流畅、一气呵成，切忌反复修改涂抹。

（三）抛物线绘制

所谓抛物线其实也是一条曲线，绘制要求为在纸面上任意绘制三个点，经过这三点画出一条曲

图 2-31　任意大小相切椭圆的绘制

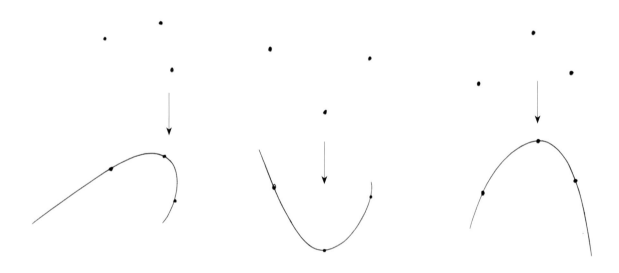

图 2-32　过三点抛物线的绘制

第五节

面的手绘训练

面的训练主要是多个面的衔接训练，在这个训练过程中还需理解并掌握一定的透视规律，如不同角度的单面训练、平面转折的多面训练等。

一、单面训练

单面训练分为平视面训练与透视面训练。

（一）平视面训练

无立体空间感的一点透视下"面"的平面化训练，线条不会因为透视发生线条方向、长短的变化（图2-33）。

（二）透视面训练

在透视规律下，"面"表现出多种形态的立体空间感，线条会因为远近透视关系而发生方向、长短的变化（图2-34）。

图 2-33　平视面

二、多面训练

多面训练是在一定的透视角度下，遵循透视规律，多个连接转折面的手绘训练，是在单面训练基础上的进阶训练（图2-35～图2-37）。

对一定弧线的曲面衔接练习，需要注意在绘制过程中注重透视规律的把握与实践（图2-38）。

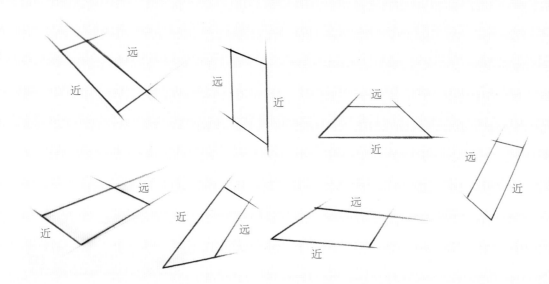

图 2-34　透视面

图 2-35　多个平面衔接绘制一

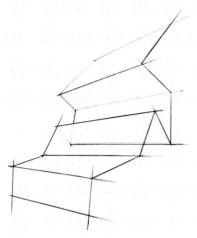

图 2-36　多个平面衔接绘制二

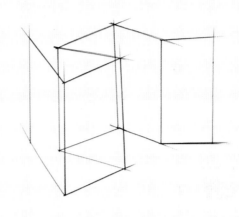

图 2-37　多个平面衔接绘制三

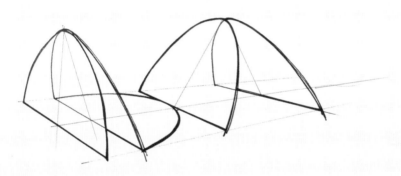

图 2-38　多曲面衔接的绘制

第六节

体的手绘训练

一、直线体训练

（一）减法直线体训练

在一个较大正方体或长方体中，进行减法直线体练习。所谓减法直线体训练，是指在一个大的方体里进行任意方向、大小不等方体的削减表现（图2-39）。

（二）加法直线体训练

所谓加法训练，是指在一个方体里进行任意方向的若干大小不一方体的添加表现（图2-40）。绘制一个正方体或长方体，并以此为参照，画出若干个方体进行衔接叠加，此为加法直线体训练。

二、曲线体训练

画出若干任意的椭圆曲线，并通过截面辅助线来表现形体的起伏凹凸空间关系（图2-41）。

三、综合体训练

综合体训练是较为复杂的形体训练，它是由一个或若干个直线体或曲线体组成一个较复杂的形体（图2-42）。

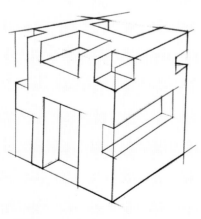

图 2-39　加法直线体绘制一

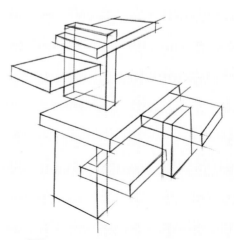

图 2-40　加法直线体绘制二

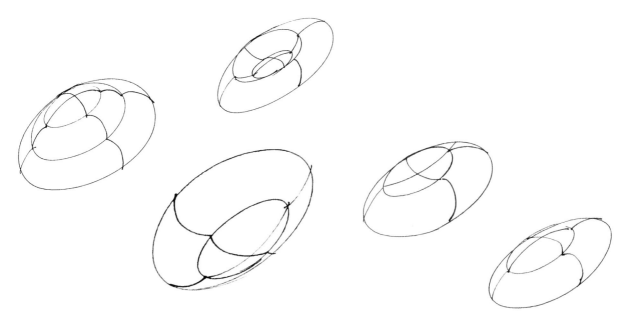

图 2-41　曲面体绘制

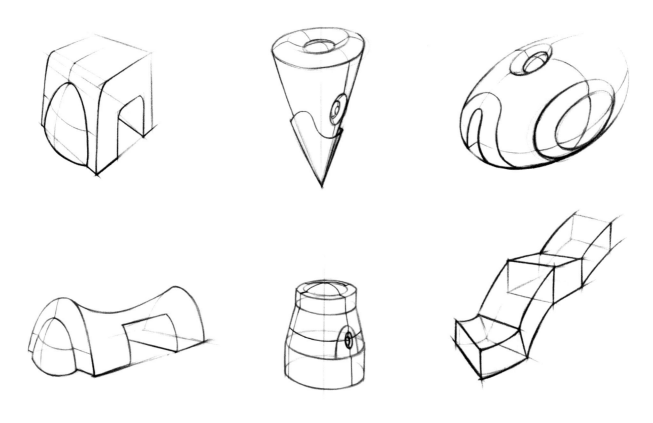

图 2-42　综合体绘制

第三章　产品线条图表现

第一节

产品形态分解与归纳

关于产品手绘效果图的视觉化表现，从构思到绘制，应该对产品的整体形态有清楚的认识，而这种清楚的认识并不是浮于表面浅显的"看见"，而在于深入产品的内在形态，对产品的形态进行准确的解构，并在解构的基础上进行综合归纳，最后通过手绘表达进行演绎。

手绘者应让产品形态更加精准的表现出来，充分地透过产品的表面造型来解读其内在的结构框架，只有具备驾驭这种产品形态分解与归纳的能力，才能在产品的绘制过程中得心应手且多角度的充分表现产品，使产品的形态更加形象、生动、丰富、逼真（图3-1～图3-4）。

在绘制产品线条图时，手绘者应当对产品的复杂形态进行概括、分解，再归纳演绎，最终绘制出精准的产品形态。如图3-5～图3-8所示，依稀从中可以看出产品手绘过程中概括归纳的痕迹。

通过对产品形态的分解与归纳，绘制出的耳麦等产品，在图中仍然可以看出将产品的复杂形态进行概括、分解、再归纳演绎的过程痕迹。

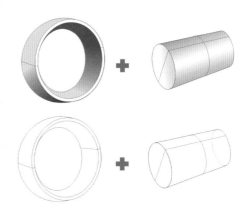

图 3-1　产品形态分解一

3-2　产品形态分解二

图 3-3　产品形态分解三

图 3-4　产品形态分解四

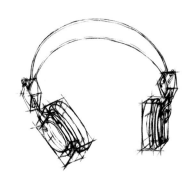

图 3-5 耳麦产品绘制

图 3-6 水壶产品绘制

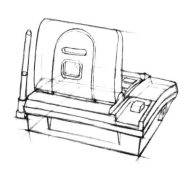

图 3-7 电话机产品绘制

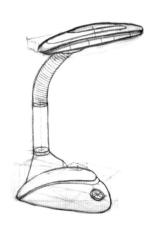
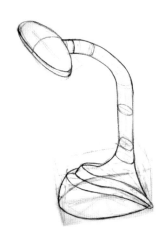

图 3-8 台灯产品绘制

第二节

塑形的截面辅助线表达

所谓产品的截面辅助线，是指如果将某一产品进行对称性的分割，则会出现一条应切割产品而显现出来的截面线条。当然实际上并不会真正这样操作，但是大多数的产品手绘效果图上都会把这种截面线当作辅助线来进行绘制表现，因此称之为产品的截面辅助线，简称辅助线。

产品的截面辅助线一般分为横向和纵向两条线，这两条线通常称为一组截面线（图3-9、图3-10）。需要注意的是截面线并不是在产品手绘中一定要绘制的、非画不可的线条，它的存在是根据设计师自身对产品造型表现的需要或者个人风格等诸多因素而灵活选择的结果。

产品的截面辅助线在本书的构图要素中已作简要说明，它实际上并不是真实存在的产品轮廓线或造型线，它存在的实际作用是"塑形"，强调产品的形态起伏关系，在形体的塑造上扮演着重要的辅助角色。产品的截面辅助线根据其在塑形过程中所扮演的角色作用的程度，分为相对性塑形与绝对性塑形两种类型。

一、相对性塑形

产品的截面辅助线的相对性塑形，指产品本身的绘制已经让观者清楚认识了产品的形体关系，而后续绘制的截面辅助线对产品的形体起着进一步强调突出的作用（图3-11）。

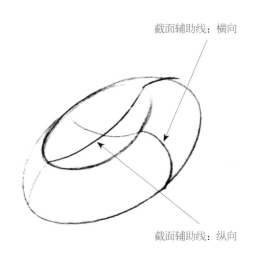

截面辅助线：横向

截面辅助线：纵向

图 3-9　产品按键的截面辅助线

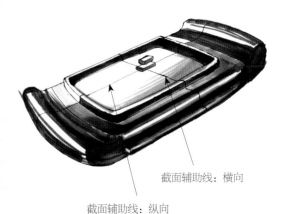

截面辅助线：横向

截面辅助线：纵向

图 3-10　电子产品的截面辅助线

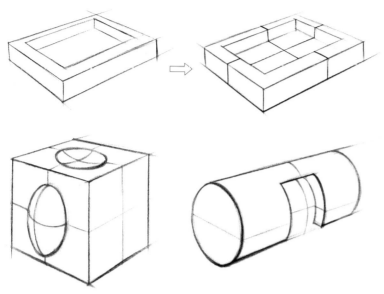

二、绝对性塑形

产品的截面辅助线的绝对性塑形，指产品本身的绘制无法让观者清楚认识产品的形体关系，或者说只能让观者产生一种模糊性的认识，无法进行准确的形体凹凸识别分辨，因此，此时的辅助线绘制起着绝对重要的作用，它的绘制让模糊的形体变得明确，毋庸置疑（图3-12）。

如图3-13所示，这个米老鼠形态的电子产品，如果没有截面辅助线，那么画面上则只呈现三个大小不同的平面圆形，由于没有光影效果的产品线条表现显得形体二维平面化，不具有强烈的空间感。但如果给该产品加上三组截面线，则产品的三维空间形态显得越发形象、逼真。

图 3-11　相对性塑形的截面辅助线——强调产品的形态起伏关系

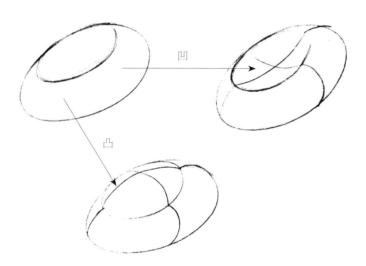

图 3-12　绝对性塑形的截面辅助线一

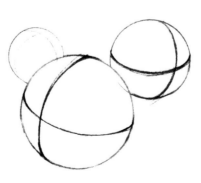

图 3-13　绝对性塑形的截面辅助线二

第三节

阴影的画法

在光源的照射下任何物体都会呈现出阴影。有光才有影，为符合人的视觉习惯与视觉真实效果，在绘制产品手绘效果图中，往往会给产品添加投影，从而增加它的真实感与重量感，否则有时会让人感觉产品像浮在空中的物体，轻飘而无分量。但需注意的是，投影在产品手绘效果图中并不是必须绘制的，有时它会被背景所替代。因此应从产品手绘效果图的整体构图需要出发，决定阴影是否需要添加与绘制。

在本书中，主要研究的是平行光的投影绘制，如图3-14所示。

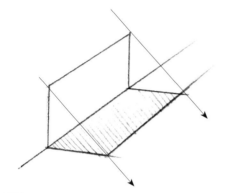

图 3-14　平行光的投影

一、平行光下"面"的阴影

在平行光下，两个呈90°直角关系的转折面，由于光线的角度照射不一样，呈现出不同的阴影形状（图3-15、图3-16）。

在平行光下，两个呈90°直角关系的转折面，由于其放置的角度不一样，呈现出不同的阴影形状（图3-17）。

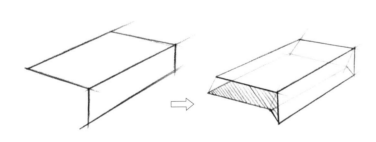

图 3-15　平行光下"面"的阴影一

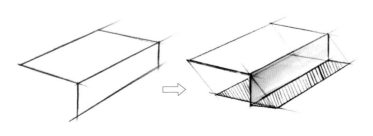

图 3-16　平行光下"面"的阴影二

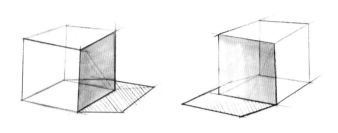

图 3-17 平行光下"面"的阴影三

同一光源平行光线照射下的立方体阴影绘制。当同一光源不同角度照射在同一物体上时，物体的阴影会呈现出不同的形状。此外，相同的物体不同的摆放状态也会使阴影的形状发生变化（图 3-18～图 3-21）。

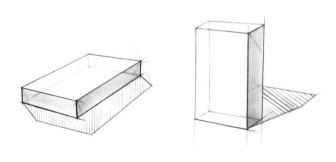

图 3-18 平行光下立方体的阴影绘制一

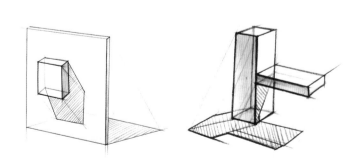

图 3-19 平行光下立方体的阴影绘制二

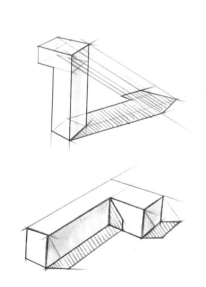

图 3-20 平行光下立方体的阴影绘制三

图 3-21 平行光下立方体的阴影绘制四

第四节

产品线条图绘制步骤

产品手绘效果图通常是指所绘制的对象产品具有明暗关系并已上色的效果图纸。而产品线条图的表现是产品手绘效果图绘制过程中的前期绘制工作，即用线条来表现产品整体形态与产品的界面特征。通常，产品线条图无法表现产品的色彩与肌理效果，它是由线框架构而成，其特点是速度快、效率高，能用较短的时间勾勒出产品的造型特点与全貌。

产品线条图的绘制步骤是有一定规律可循的，它通常是从产品整体全貌上进行把控，从概括到深入、从大到小、由表及里的绘制，在绘制过程中忌先画细节再画整体，不要迷恋于局部细节的精细刻画，而应顾及绘制的整体视觉效果。据此，下面将通过案例进行讲解。

通过对本书第三章第一节的学习，手绘者应对产品整体造型有一个由表及里全面清楚的认识。

一、黑色彩铅工具进行儿童手机线条图表现

以儿童手机为例，讲解运用黑色彩铅工具绘制线条图的具体步骤：

步骤①：明确产品透视规律类型。本产品属于二点透视（即成角透视），在绘制过程中注意平行线条的消失方向，确立消失点。黑色彩铅对基本形体进行概括绘制，线条可轻淡些，只作为辅助线表达（图3-22①）。

步骤②：通过产品截面辅助线来表现透视的近大远小，对产品结构形体进一步深入详细绘制（图3-22②）。

步骤③：将产品的界面细节、结构形体进行进一步深入详细绘制（图3-22③）。

①

②

③

步骤④：将产品的界面细节，如按键、屏幕等进行细节立体化表现，并用黑色彩铅的浓淡轻重来表现产品线条的虚实关系，使产品的形态结构更加明确（图3-22④）。

步骤⑤：将产品的细节部分进行最后的绘制与调整，如按键上的一些图标与数字的表现。

为产品绘制出完整的横向与纵向的两条截面辅助线，强化产品的形体起伏关系（图3-22⑤）。

步骤⑥：完成线条图绘制，并添加投影，增强画面产品的真实感与重量感。

对产品的外轮廓进行适当加粗，强调整体的外边缘形体造型（图3-22⑥）。

④

⑤

⑥

图 3-22   儿童手机产品线条图表现步骤

二、绘图笔工具进行小产品线条图表现

以小产品为例，讲解运用绘图笔工具绘制线条图的具体步骤：

步骤①： 对产品的透视规律有一个明确的掌握，本产品为二点透视（即成角透视），在绘制过程中应注意平行线条的消失方向，确立消失点。用 02 号绘图笔对基本形体进行概括绘制（图 3-23①）。

步骤②： 通过产品截面辅助线来表现透视的近大远小，对产品的结构形体进行进一步深入详细绘制。

截面辅助线可用 01 号绘图笔进行绘制完成（图 3-23②）。

步骤③： 进一步深入产品细节部分的绘制表达。同时进一步明确产品的外轮廓（图 3-23③）。

①

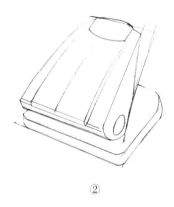

②

③

步骤④： 深入细节表现并同时进行整体线条图的调整。

对产品界面上的挖孔、局部细节形体结构及界面起伏转折关系等进行表现。通过细节修整来完整表现产品的形体特征（图 3-23④）。

步骤⑤： 完成线条图绘制，并加入投影，增强画面产品的真实感与重量感。

用 05 号绘图笔加粗画面外轮廓线，用 03 号绘图笔强调结构转折线。

用 01 号或 005 号绘图笔将产品截面辅助线进行横向与纵向的完整绘制，直至手绘产品完成（图 3-23⑤）。

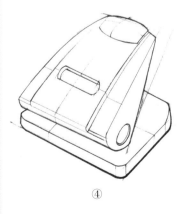

④

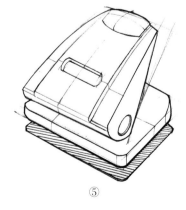

⑤

图 3-23　小产品线条图表现步骤

第五节

产品线条图作品

产品线条图是以线条图形来对产品的造型、细节、功能等进行多角度的表现，使观者对产品整体全貌、局部及功能等方面有一个全面的认识与了解。在产品线条图作品（图3-24～图3-45）中可以看出，透视、线条、构图等元素共同构成了产品线条图的最终效果，缺一不可。

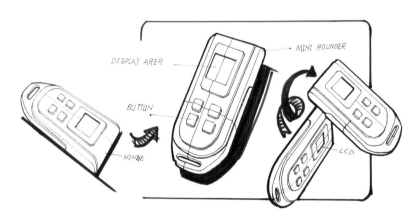

图 3-24　汽车钥匙产品线条图

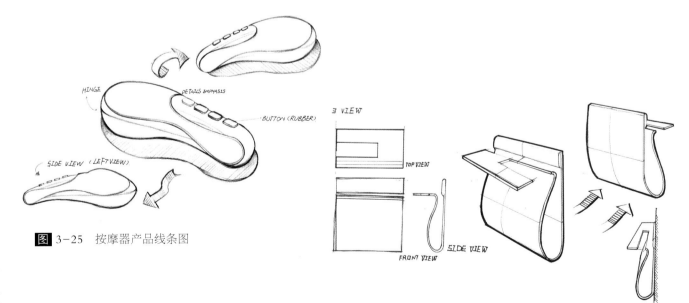

图 3-25　按摩器产品线条图

图 3-26　纸巾架产品线条图

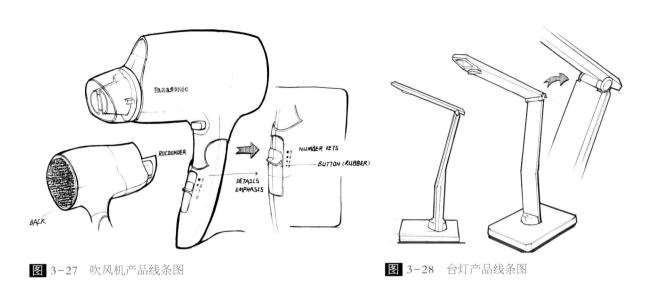

图 3-27　吹风机产品线条图

图 3-28　台灯产品线条图

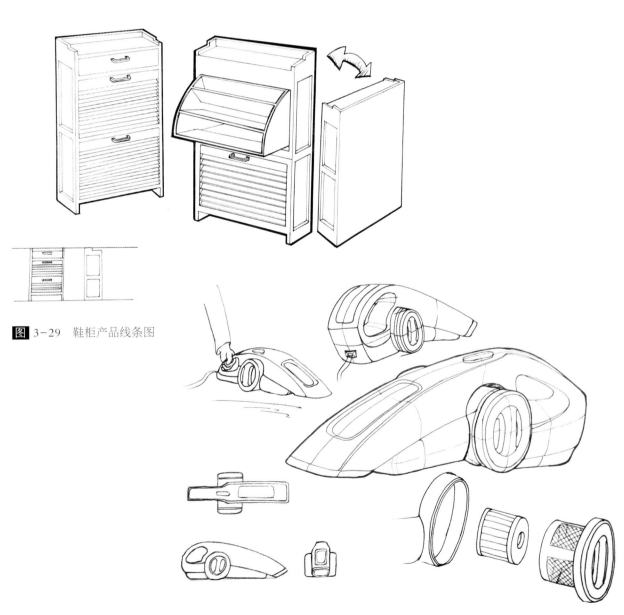

图 3-29　鞋柜产品线条图

图 3-30　吸尘器产品线条图

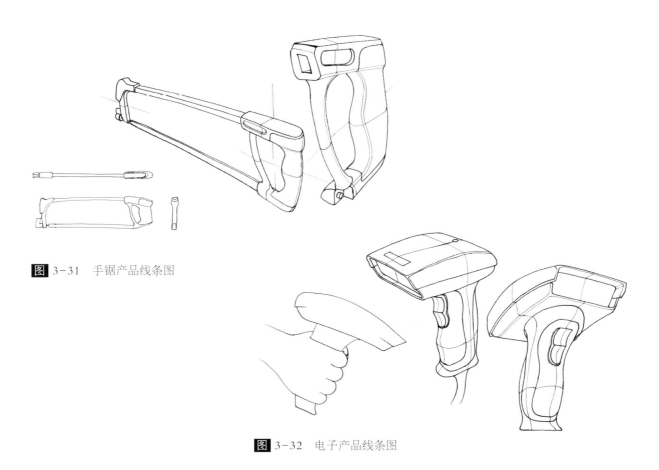

图 3-31 手锯产品线条图

图 3-32 电子产品线条图

图 3-33 儿童玩具车等产品线条图

图 3-34 时钟等电子产品线条图

PRODUCT SKETCH

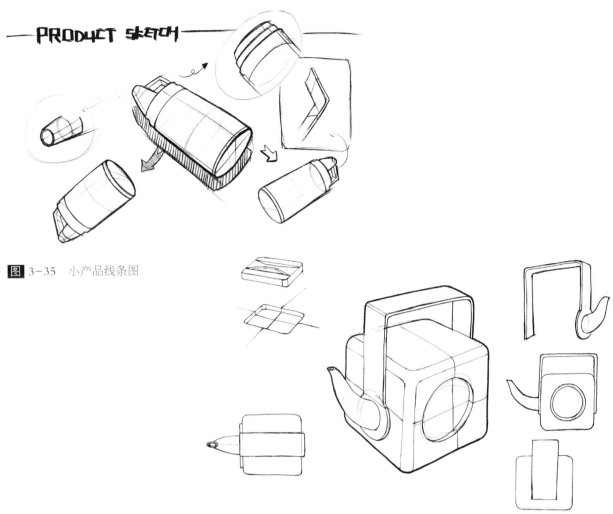

图 3-35　小产品线条图

图 3-36　方形茶壶产品线条图

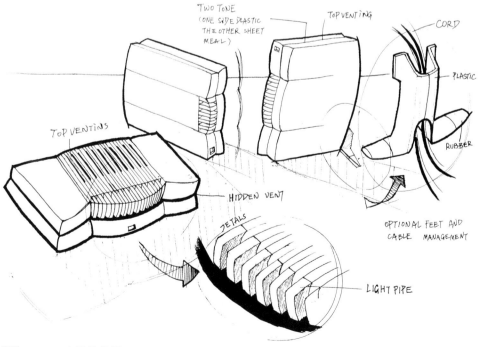

TWO TONE
(ONE SIDE PLASTIC
THE OTHER SHEET
MEAL)

TOP VENTING

CORD

PLASTIC

TOP VENTINS

RUBBER

HIDDEN VENT

JETALS

OPTIONAL FEET AND
CABLE MANAGEMENT

LIGHT PIPE

图 3-37　产品线条图

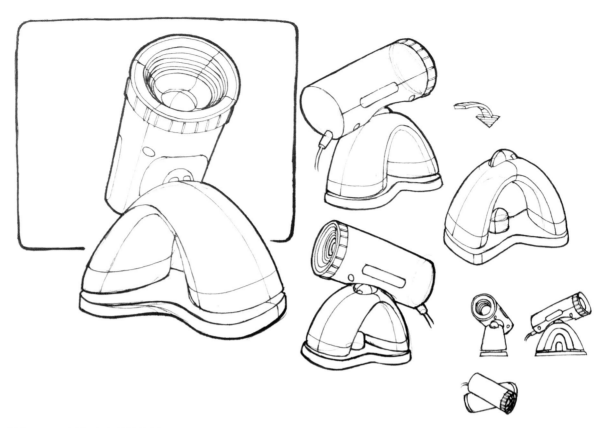

图 3-38　摄像头产品线条图

SKETCH

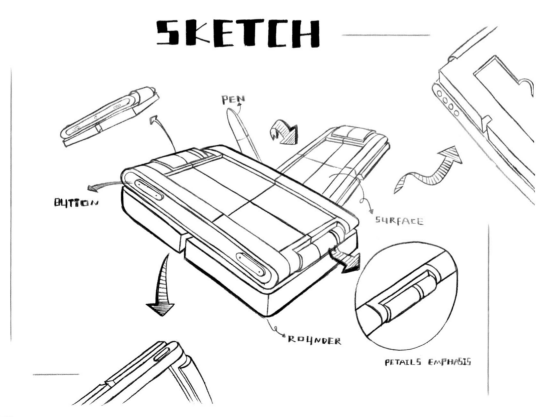

图 3-39　电子产品线条图

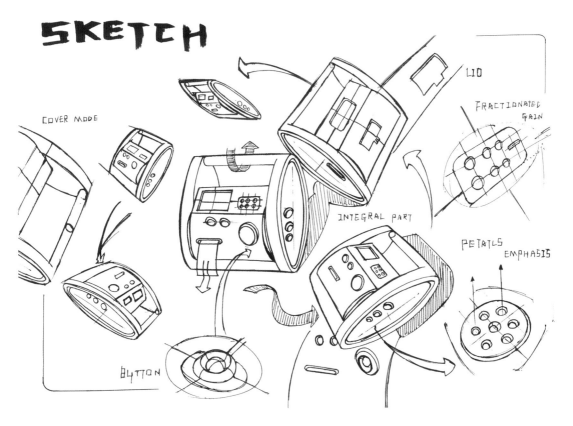

图 3-40 多角度产品线条图表现

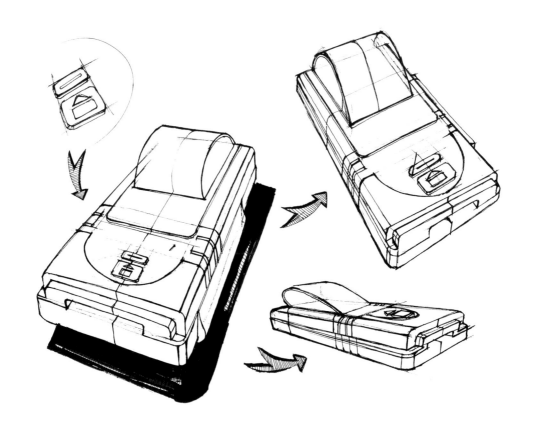

图 3-41 摄像头产品线条图

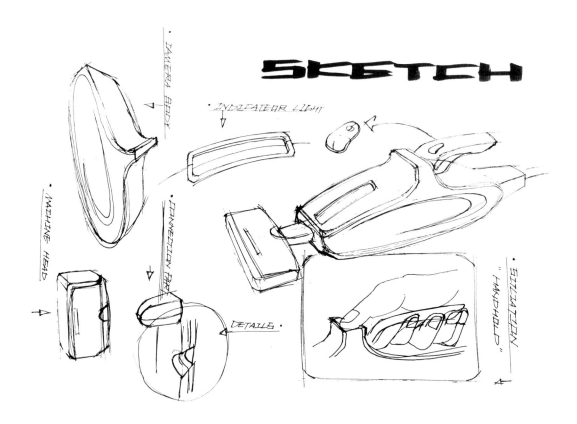

图 3-42 小电器产品线条图

图 3-43 苹果数码产品线条图

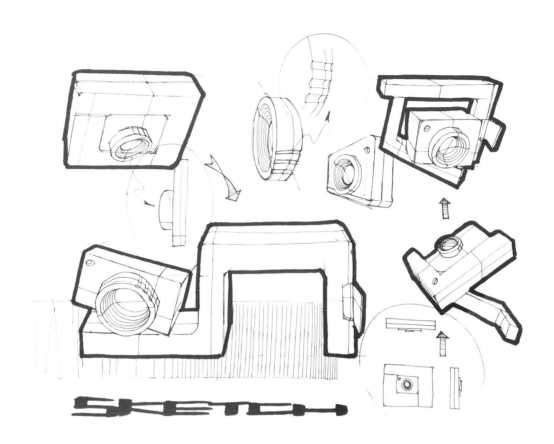

图 3-44　照相机产品线条图

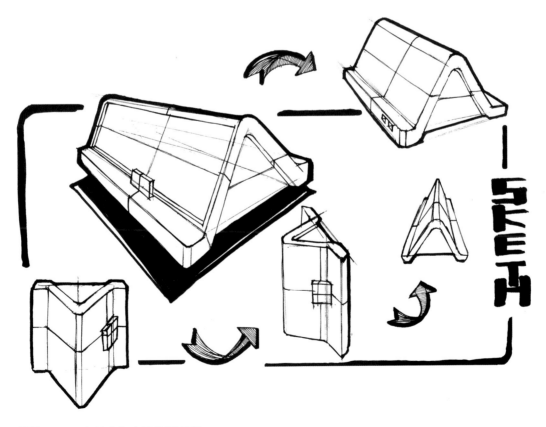

图 3-45　产品多角度线条图表现

第四章 产品平面视图马克笔手绘表现

平面视图手绘概念及准备

产品平面视图的手绘是指从产品的正、侧、顶三种平面视图角度去手绘表达产品形态。一般情况下，产品的平面视图包含正视图、侧视图与顶视图，即从产品的三个面，以一点透视角度来展示产品的造型，平面视图又简称为三视图。由于有些产品的侧视图区分为左侧视图和右侧视图，相对应的顶视图又区分出底面视图，因此三视图中的平面视图个数有3~5个（图4-1）。在产品手绘设计表达中，以三个平面视图的出现最为常见。其布局的顺序为：正视图在中间，顶视图在正视图的上面，两个图形上下对齐；侧视图在正视图的旁边呈水平对齐等距排列，如果有左、右侧视图的区分，分别排在左、右两侧。

任何一件产品都可以通过拍照形式，从一点透视的角度获得一张产品的影像照片。由于是从一点透视的视角来获得，因此产品的形态前后重叠较多，深度感受较弱，平面感受较强，形与形的层次堆叠感受突出。这种层叠凹凸的形体似雕塑艺术中的浮雕作品，若雕塑的形体突出于画面较高时，称为深浮雕；若雕塑的形体突出于画面较矮时，甚至深陷入画面时，则产生阴刻的效果，被称为浅浮雕。深浮雕作品则拥有更加丰富的表面纹理和层次感受，视觉化更加多变，其透视难度和复杂度较高；浅浮雕作品整体呈现片面化，

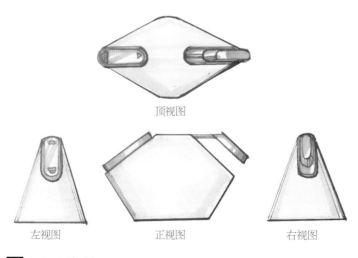

顶视图

左视图　　　　　正视图　　　　　右视图

图 4-1　三视图

趋向于平整、顺滑。产品的平面视图表达也是如此。例如，苹果品牌的手机产品，它的产品形态风格呈简洁化、扁平化，因此其平面视图手绘表达就趋向于平整、顺滑。又如图4-2所示的平面视图手绘作品，在坦克形态中，面板的凹凸丰富、层次复杂，由此其平面视图手绘效果就趋向于丰富多变的视觉感受。

在三视图的表达中常常以正视图、侧视图最为能够表达产品形态特征。设计师构思产品也较喜欢从这两个平面视图入手。图4-3中所示正是设计师通过平面视图的角度对同一件产品进行形态的多样式创意。

图 4-2　坦克平面视图的手绘

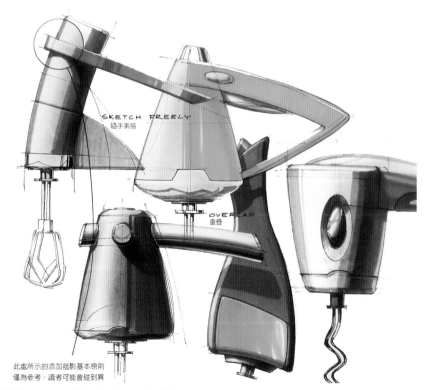

图 4-3　搅拌机平面视图的手绘
（作者：［荷］库斯·艾森、罗丝琳·斯特尔）

平面视图的基本要素

产品的平面视图表达是建立在一点透视的基础上，相对平面化，但并非只是平面的表达，需要在一个平面上充分的将块与块的面积、体积、比例、节奏感等要素进行统一的安排和布局，并作出深浅不同、材质不同、凹凸不同的形式表达，同时要反映出平面和曲面的内容。绘制平面视图的要素包含如下几个方面：

（1）比例：比例是表达产品外形的第一个重要特征，也是产品语义的重要组成部分。产品从长和宽的二维平面化形象，能够表达产品胖瘦、宽窄的形态语义。

（2）外轮廓线条：外轮廓是产品外形的第二个重要特征，外轮廓线条的方圆、曲直、简单或复杂、波折或平滑直接影响人们对产品的外观感受，从而带来人们对该产品的喜好判断。

（3）凹凸感：二维平面的产品主要通过凹凸表现来加强产品的立体语言，进一步说明产品的功能特征、使用方式。

（4）层次感：一个平面的产品形态中，有局部与整体、细节与主体的矛盾冲突，必须对一个平面中多个形体进行统筹。通过层的概念来统一安排，能够理清主次关系，建立丰富视觉元素的

平面视图感受。

（5）饱满感：手绘效果图从产品的某一个平面入手，从空间的角度来看，较为平淡，但如能将每一层上的平面进行有效的表达，将呈现出一个铿锵有力的饱满感受。

产品的平面视图手绘表达较之立体表现，突出了面的设计，强调了产品的整体感受，避开了两点透视带来的较难表现的表情多变的运动感，是更加简单、快速的表达形式。就产品面板设计和形式感系列化设计而言，从平面视图去手绘表达产品，目的性更强、效率更高、针对性更好。

第三节

平面视图的手绘工具

马克笔是手绘中设计师常设计师常用的手绘工具。主要绘制产品中的面，并通过深浅不同的马克笔效果表达产品的体积与材质。

马克笔分为灰色和彩色部分，灰色又分为冷灰与暖灰，冷灰常运用于表面光滑产品的设计表达，而暖灰则反之。初学者不需要准备所有型号的灰色马克笔，这样既浪费金钱，又浪费创意的时间。手绘表达是快速记录设计者头脑中的想法和概念的图形设计过程，当设计师的灵感突然而来时，要在这么一大堆从1至10号的灰色马克笔中挑选一种合适的色度来表达，是会将灵感赶跑的。因此在众多的马克笔中，笔者建议初学者可以选择灰色的2、4、6号马克笔，或者1、3、5号马克笔且冷暖都可以。马克笔的上色过程宜先浅后深，如先画1号，再画3号，再画5号，层层递进。同时，采用马克笔1号平涂一次，想要再深一点，可以在此基础上平涂第二次，以此类推。马克笔灰色1号可以表现出浅灰色1、2、3三个高明度色阶的色彩；马克笔灰色3号可以表达出4、5、6三个中明度色阶的色彩；马克笔灰色5号可以表达出7、8、9三个低明度色阶的色彩（图4-4）。

色彩是表现产品的一个重要元素，因此在设计表达时不可缺少，它能够增加设计表达的说服力。彩色马克笔的选择丰富多样，要按照手绘产品的具体要求选择色彩。笔者推荐的彩色马克笔以浅色高纯度色系为宜。关于色彩的明度，除了可以参考灰色马克笔的明度变化以外，还可以在原彩色作为底色的基础上，加画同明度色阶的灰色马克笔的方法。

例如，同一支红色马克笔，要想通过它表达出由浅至深的不同明度的红色色彩时，应该这样做：

首先，判断一支红色马克笔的色彩的明度。若是大红，应该属于中明度色彩；若是浅红，则

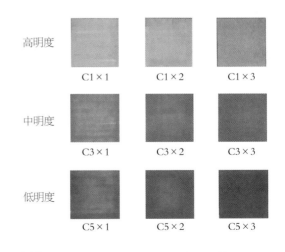

图 4-4 灰色马克笔的色彩明度变化技法

属于高明度色彩；若是暗红色，就属于低明度色彩，应该避免选择低明度色彩的彩色马克笔去绘制多样化的同色相的彩色色阶。因此，选择一支纯度高偏中明度的彩色马克笔至关重要。

其次，利用减少色彩笔触来表达高明度色阶。同一支红色马克笔在表达高明度的时候，如果减少笔触的面积，就能够减少色彩的量，即在一块平面中不需要全部涂满红色，间隔或者画一半红色，这样这块小平面看起来会比全部涂满红色更亮一些，即明度要高一些。由此，可以表达出高明度色彩。

最后，在表达低明度红色时，需在红色底色上平涂 3 号或 5 号灰色马克笔以降低明度。值得注意的是，暖色有彩色在明度降低时，需要覆盖暖灰色系马克笔；冷色有彩色在降低明度时，需要覆盖冷灰色系马克笔（图 4-5）。

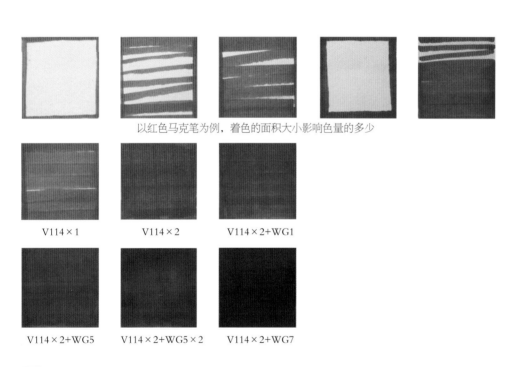

以红色马克笔为例，着色的面积大小影响色量的多少

V114×1　　　　　V114×2　　　　　V114×2+WG1

V114×2+WG5　　　V114×2+WG5×2　　　V114×2+WG7

图 4-5　V114 号红色马克笔的色彩明度变化技法

第四节

平面视图的马克笔基本技法

一、"面"的马克笔表现技法

运用马克笔来表现产品平面视图的技法多种多样，需要总结归纳、熟练掌握，以后在平面视图的手绘表达中可以融会贯通，自由表达产品形象。

（一）对角法

（1）使用范围：产品平面视图中各个面光滑平坦，而且单个封闭的平面面积较大，平面材质的反光性能较好，如塑料材质。

（2）技巧要求：运用马克笔的宽头进行上下两边平涂，中间对角平涂，注意不要涂到框线之外。若面积较小时，马克笔的宽头需要竖立一点，假如有笔触漏到平面之外，可以在作画结束时用与背景色相同的彩色马克笔覆盖（图4-6）。

（二）平涂法

（1）使用范围：产品平面视图中各个平面平坦光滑，且面积较小，平面材质反光性能弱，如橡胶材质。

（2）技巧要求：运用马克笔的宽头从上至下平涂，注意每一笔的笔触上下自然衔接，不要覆盖太多，线条需要水平平行排列，并注意不要涂到框线之外（图4-7）。

（三）省略法

（1）使用范围：产品平面视图中的面非常多，或者有多边形的平面。

（2）技巧要求：运用马克笔的宽头平涂在平面内，注意不要涂到框线之外。在涂下边和右侧边时，可以将画纸转换角度，这样笔触较为平整。若面积较小时，需要用马克笔的细头去表达（图4-8）。

（四）排线法

（1）使用范围：产品平面视图反光比较明显，

图4-6　对角法　　　　图4-7　平涂法　　　　图4-8　省略法

图 4-9 排线法

表面光滑没有杂质，如金属材质。

（2）技巧要求：运用马克笔的宽头侧锋进行笔触排线运动，可以从上而下，笔触先细后粗，注意每一笔上下衔接时要先疏后密，这样可以表现出由亮至暗的过渡面。另外，可以在笔触排线时疏密结合，可以表现出高反光质感以及凹凸变化的曲面效果。最后可以将线条倾斜排，能够表达出屏幕反光的质感（图4-9）。

二、 明度和质感的马克笔表现技法

（一）明度的马克笔表现技法

通过本章第三节中的马克笔明度色阶的技法学习，可以表达出不同明度的产品效果，如可以表达高明度、中明度、低明度的产品的表面效果。图4-10所示为利用灰色马克笔CG1、CG2、CG3表达高明度球体；利用CG2、CG4、CG6表达中明度球体；利用CG4、CG6、CG8表达低明度球体。

（二）质感的马克笔表现技法

不同的明度搭配可以表达出不同的视觉效果，同时结合彩铅线条能够表达出不同材料的质感。

1. 金属质感的表现

金属材质分为镜面反光材质和非镜面材质。镜面反光材质主要是由镀铬工艺制作而成，由于

高度的反光特征，平面对周边环境的反光明显。非镜面金属材质由于表面制作了纹理，因此表面光滑度下降造成不容易反光的特性，并且表面的纹理明显（图4-11、图4-12）。

非镜面的金属拉丝材料的表达可以在黑色马克笔底色上，用白色彩铅画出水平密集的线条，能够表现出金属拉丝的质感。不同金属色彩可以用不同的马克笔表现，如果底色深就运用白色彩铅来表现，若是底色浅则要用深色彩铅来画线，而且所画的线条需要细而直（图4-13）。

2. 木材质感的表现

世界上的木头材质丰富多样，但是它们的生长规律却大同小异，都有年轮，因此木头切开以后必定有一些年轮会在平面板材上出现（图4-14）。当木头被横截切下后，年轮的纹理将是完整的，且呈封闭状。若木头是被垂直切下的，那年轮的纹理将呈流线状，呈不封闭状态。表现木材质感的工具主要有棕褐色马克笔、棕色马克笔、黑色彩铅与白色彩铅。运用马克笔可以表现木材的肌理质感（图4-15）。

木纹材质的一般绘制步骤如下：

①用彩色马克笔画出底色，注意平涂时留出不均匀的质感变化。

②用彩铅勾画年轮，对彩铅颜色的选择和底色对比的颜色或者黑白色均根据木头的纹理关系

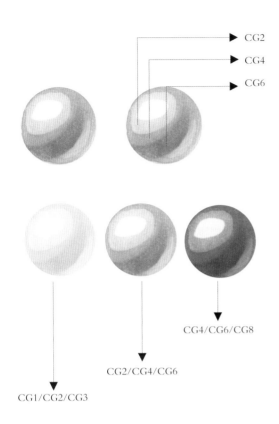

CG2
CG4
CG6

CG4/CG6/CG8

CG2/CG4/CG6

CG1/CG2/CG3

图 4-10　球体的不同明度马克笔表现技法

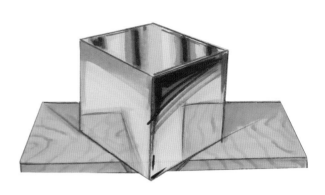

图 4-11　镜面金属材质木纹材质的表现

图 4-12　不同明度金属材质

深色金属拉丝

浅色金属拉丝

图 4-13　非镜面金属材质的马克笔表现技法

图 4-14　木纹纹理（摘自中国手绘技能网）

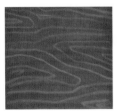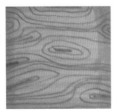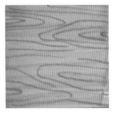

图 4-15　木纹的马克笔表现技法

绘制。

③用灰色马克笔绘制出明暗关系。

在大多数产品外观设计中，产品外壳会选择木纹结合其他材质进行搭配运用。例如，木纹和塑料材质的搭配，在工业产品中不仅保持了木纹的自然风格，更丰富了产品的表皮视觉感受（图4-16、图4-17）。

3. 塑料质感的表现

塑料是目前运用最多的工业产品外壳材料，一般而言其材质表面有一定的反光特性，因此高光和反光部分明显。图4-18所示为一个透明材质和三个塑料材质的组合体，三个塑料材质的明度由浅到深分别不同，其明暗交界线、反光、高光都较明显。

4. 透明质感的表现

玻璃是透明材质的代表，大量现代工业产品的外壳材料通过塑料已经完全可以模仿玻璃这种透明材质的质感。不管是塑料制品还是玻璃制品，所呈现出来的通透感都能够达到透明材质明快的视觉感受。透明材质由于其厚度不同、颜色不同，透光性也不尽相同。这里举例的是完全透明材质的产品。

透明材质通过材质与材质的叠加产生一定的灰色，叠加越多颜色越深，但最深不超过CG5号灰色马克笔。一般小产品外壳的透明材质的厚度为2~5mm，单层绘制选用CG2号灰色马克笔（图4-19）。

透明材质的投影有别于其他物体，材质越厚投影越深，投影的形象透过物体可以看见明显的投影边缘线。这是由于具有厚度的实体在光的投影作用下产生叠加，因此在画面中出现边缘和棱边"实"、中间的面"虚"的投影特点，在绘制时应加以注意。另外，假如有其他不透明材质穿插到透明材质中，那么在两材质的交界处，会出现折射现象，如图4-20中所示的吸管，在吸管和玻璃杯的交界处，吸管产生左右错位；同理，如图4-21中所示的勺子，在勺子和玻璃罐的交界处，勺子产生左右错位。

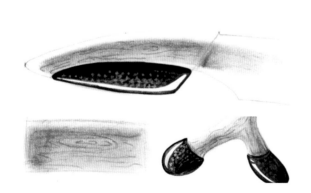

图 4-16　木纹结合塑料质感的鞋品局部
　　　　　（摘自中国手绘技能网）

图 4-17　木纹质感的电子产品
　　　　　（摘自中国手绘技能网）

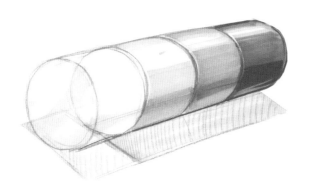

图 4-18　不同明度的塑料材质

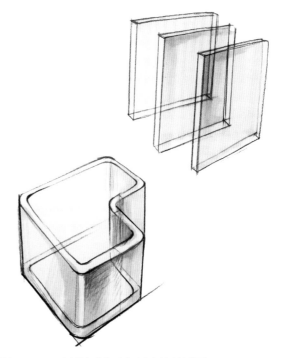

图 4-19　透明材质的叠加马克笔效果图
　　　　（参考黄山手绘设计营进行绘制）

图 4-20　曲面透明材质的投影及折射
　　　　（参考黄山手绘设计营进行绘制）

图 4-21　直面透明材质的投影及折射
　　　　（参考黄山手绘设计营进行绘制）

三、"曲面"的马克笔表现技法

曲面的马克笔表现技法是平面视图马克笔
技法中较难的一部分。曲面体在产品设计中出
现很多，对曲面的设计也是产品宜人化设计的
一种重要手段。曲面根据其凹凸方向和曲面方
向可以分为多种类型，包括凹凸、挤压、回旋
等（图 4-22～图 4-25）。

（一）曲面的灰色马克笔表现技法

曲面在产品手绘效果图表达中的运用非常多，
从正面角度表达曲面，它的反光点和高光点多，
从高光到明暗交界线，从明暗交界线到反光，过
渡的缓急程度应根据曲面的凹凸深度来表现。凹
凸程度深，过渡快，反之则缓慢。在运用马克笔
技法表现曲面时，光源的位置适合正上偏侧光。

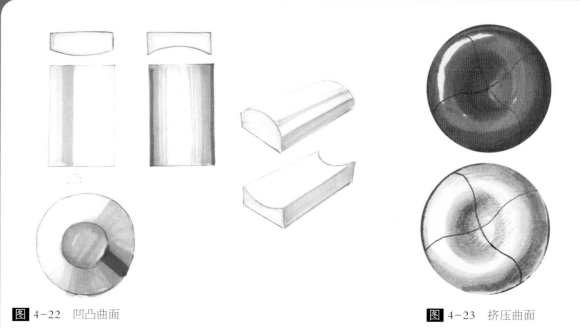

图 4-22　凹凸曲面

图 4-23　挤压曲面

图 4-24　曲折曲面

图 4-25　回旋曲面

曲面的灰色马克笔绘制步骤如下：

步骤①：画出曲面结构线。A线表示曲面表面的剖面图，B线表示曲面的最凹陷部位，后者属于结构线（图 4-26 ①）。

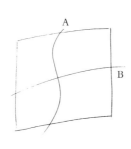

①

步骤②：用 WG1 号灰色马克笔绘制暗面，确定明暗关系，产生初步的立体感（图 4-26 ②）。

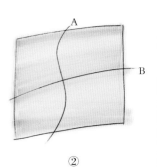

②

步骤③：用 WG3 号马克笔加强暗面，增加明暗五调子反光和明暗交界线的关系（图 4-26③）。

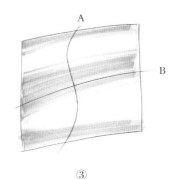

③

步骤⑤：用 WG7 号马克笔进一步加强暗面，增强明暗变化，完成（图 4-26⑤）。

步骤④：用 WG5 号马克笔进一步加强暗面，增进明暗交界线的变化（图 4-26④）。

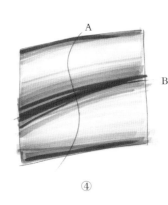

④

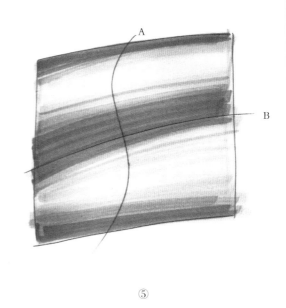

⑤

图 4-26　曲面的灰色马克笔绘制步骤

（二）曲面的彩色马克笔表现技法

曲面的彩色马克笔绘制时，需要注意先画彩色，后画灰色。如果反之，在灰色的底色上再平涂彩色，就会失去彩色的饱和度。

曲面的彩色马克笔绘制步骤如下：

步骤①：画出曲面结构线。A 线表示曲面表面的装饰线条，B 线表示曲面的最凹陷部位，后者属于结构线（图 4-27①）。

步骤②：用彩色马克笔绘制出暗面，注意彩色马克笔的明暗表达，高光部分一定留出白色底色（图 4-27②）。

步骤③：用 WG3 号马克笔加重暗部（图 4-27③）。

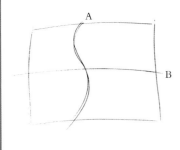

①

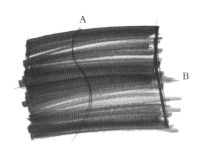

②

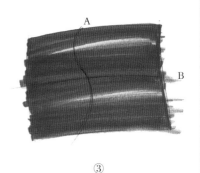

③

步骤④：用WG5号马克笔继续加重暗部。注意不要覆盖全部的WG3号马克笔的笔触（图4-27④）。

步骤⑤：用WG7号马克笔加重暗部。注意不要覆盖全部的WG5号马克笔的笔触（图4-27⑤）。

步骤⑥：用黑色彩铅加重加粗A线（图4-27⑥）。

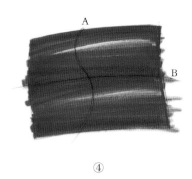

④

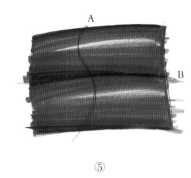

⑤

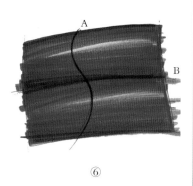

⑥

步骤⑦：用白色彩铅提亮A线单侧，创造立体感，完成（图4-27⑦）。

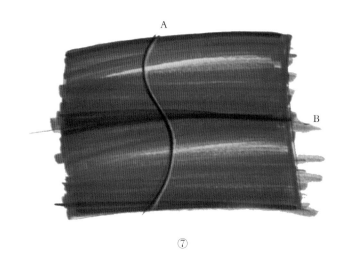

⑦

图 4-27 曲面的彩色马克笔绘制步骤

（三）复杂曲面的马克笔表现技法

复杂曲面为多个曲面组成，产品平面视图中出现复杂曲面时，曲面多，高低不同，曲面的凹凸深度不同，因此呈现出复杂的视觉现象。在表达时，应该抓住最大面积的主体曲面进行深入刻画，而对局部小块曲面则应该概括地去绘制（图4-28）。

图 4-28　复杂曲面的马克笔表现技法

四、各式按钮的马克笔表现技法

（一）按钮的平面视图表现

按钮是产品设计平面视图表现中经常涉及的细节之一。按钮主要表示启动功能，呈下压的状态，并且按钮以圆形和方形出现为多。按钮的大小可以参考手指的大小。在手绘效果图中，按钮的表达可以增添产品的细节美感，并能通过按钮与整体的比例关系找到产品的体量感。

按钮的形态可以分为两类：一类是触摸式按钮，它是与面板加工在一个平面上的，按钮的边缘和面板不可分离，是同一整体，该类按钮往往以图形化为主要表现特征，在面板上没有凸起或者凹陷的立体形；另一类是与面板分开加工的按钮，它的边缘与面板分离，并产生非常生动的凹凸立体形。下面就后一类按钮做详细的讲解。首先要分析按钮的明暗关系，按钮受光照后会产生明暗五调子，所谓"麻雀虽小，五脏俱全"，因此将按钮的高光、灰面、明暗交界线、反光、投影五个调子概括地表达出来，才能将按钮画得惟妙惟肖。从图 4-29 所示中可以分析出按钮的基本五调子，凹凸较深的会产生投影，并随着边缘面板的凹凸不同，投影的形状也有所变化，会随着面板的起伏而变化。

图 4-29　按钮的明暗五调子

（二）三种圆形按钮的马克笔表现技法绘制步骤

步骤①： 用0.25号签字笔画出同心圆（图4-30①）。

步骤②： 用R14号马克笔画出亮面和暗面。注意：3号按钮是凹陷的按钮，所以它的灰色部分在后续步骤中讲解；3号按钮需要预留高光（图4-30②）。

①

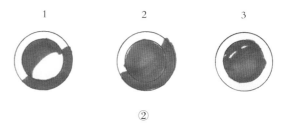

②

步骤③： 用R14号马克笔画出从暗面到亮面的过渡，并加重暗面。注意：3号按钮只有暗面而没有过渡面（图4-30③）。

步骤④： 用WG1加强暗面。注意3号按钮的暗面表达（图4-30④）。

③

④

步骤⑤： 用WG3加强暗面。注意3号按钮的暗面表达。此时再加强暗面，WG3的面积不要全部覆盖原来已有的WG2的颜色，越到后来颜色越暗，面积越小，这样才能产生渐渐变暗的明暗效果（图4-30⑤）。

步骤⑥： 用WG5加强暗面。注意3号按钮已经不需要再动（图4-30⑥）。

⑤

⑥

步骤⑦： 用黑色彩铅加强明暗交界线。注意3号按钮已经不需要再动（图4-30⑦）。

步骤⑧： 用勾线笔勾线，1号和2号按钮勾轮廓线，3号按钮的构造不同，因此勾红色按钮边缘线，此线和周围断开（图4-30⑧）。此时所有步骤全部完成。

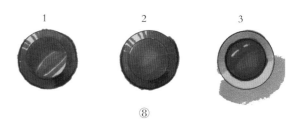

⑦

⑧

图 4-30 三种圆形按钮的马克笔表现技法绘制步骤

（三）两种方形按钮的马克笔绘制步骤

1. 第一种方形按钮的绘制步骤

步骤①： 用 CG1 号马克笔的细头绘制出方形按钮的结构，注意倒角的结构特征（图 4-31 ①）。

步骤②： 用 CG1 号马克笔的宽头绘制出方形按钮的侧面。首先，值得注意的是，在暗面及明暗交界处，CG1 号马克笔应叠加 2~3 次才能够将明度降低，或者利用 CG2 号马克笔叠加一次。其次，在转角处注意留出高光。最后，当 CG1 号马克笔在绘制多次以后，因为纸张上充满了马克笔水分，所以看起来的明度要比干了以后的要暗。因此，在绘制时，需要考虑马克笔水分的蒸发效果（图 4-31 ②）。

①

②

步骤③： 用 CG1 号马克笔绘制出方形按钮的正面，这是一个微微凹陷的曲面，注意灰面和亮面过渡的弧度（图 4-31 ③）。

步骤④： 用 CG1 号马克笔绘制灰面，用 CG3 号马克笔的宽头加深明暗交界线和暗面，注意留出反光。用黑色勾线笔勾出按钮的轮廓线。至此方形按钮的绘制步骤完成（图 4-31 ④）。

③

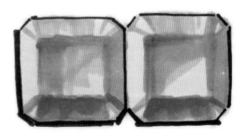

④

图 4-31　第一种方形按钮的绘制步骤

2. 第二种方形按钮的绘制步骤

步骤①： 用黑色彩铅绘制出线框（图 4-32 ①）。

①

步骤②： 用蓝色马克笔平涂线框。在按钮线框的左右两侧叠加两次（图 4-32 ②）。

②

步骤③： 用黑色彩铅绘制出按钮的结构（图 4-32 ③）。

③

步骤④： 用 CG2 号马克笔绘制出按钮的暗面（图 4-32 ④）。

④

步骤⑤： 用黑色双头勾线笔加深分型线和轮廓线。注意勾出方形按钮的角（图 4-32 ⑤）。

⑤

步骤⑥： 用 CG4 号马克笔结合黑色彩铅加深方形按钮的暗面（图 4-32 ⑥）。

⑥

步骤⑦： 用白色彩铅绘制出按钮的高光处。再用黑色彩铅勾画出图标，用白色彩铅勾出图标的高光，表现出凹凸感（图 4-32 ⑦）。至此方形按钮的绘制步骤全部完成。

⑦

图 4-32 第二种方形按钮的绘制步骤

五、屏幕的马克笔表现技法

（一）屏幕的特点

屏幕是电子产品中不可缺少的要素之一，因此真实反映屏幕的视觉效果是表现电子产品的重要手段。一般而言，屏幕按照颜色可以分为深色和浅色两大类，目前电子显示类产品以触屏形式为多，触屏屏幕的表面反光较强，深浅颜色不同的屏幕所表现出来的明度和反光感觉也不同（图4-33）。

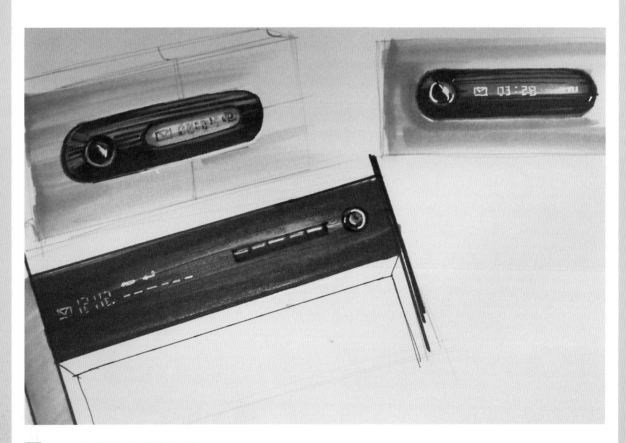

图 4-33　屏幕的马克笔表现技法

（二）深色屏幕的绘制步骤

步骤①： 绘制带有按钮的屏幕线稿。注意绘制出剖面线，进一步表达屏幕形体的凹凸感（图4-34①）。

①

步骤②：用CG2号马克笔绘制出屏幕整体的暗面（图4-34②）。

②

步骤③：确定屏幕的明度，此案例采用的是深色屏幕，选择WG7号灰色马克笔，运用平涂法绘制屏幕底色。如果是浅色屏幕则选用WG1、WG2号灰色马克笔铺底色。注意笔触之间预留出一些空隙作为反光的描写（图4-34③）。

③

步骤④：用CG2号马克笔绘制出灰面（图4-34④）。

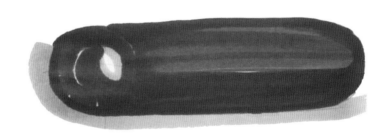

④

步骤⑤：用白色彩铅绘制出按钮的高光部分和屏幕右下方的反光部分。再用白色彩铅绘制文字和图形，注意图形、文字和角度比例的协调。如果是浅色屏幕则应运用黑色彩铅绘制（图4-34⑤）。

⑤

图 4-34 屏幕的绘制步骤

第五节

平面视图的马克笔表现技法案例

实例一　手持产品的平面视图绘制步骤

　　管子弯头部分是常见产品的基本原型，常见的五金手持产品就是这类产品的代表，由于曲面复杂，立体关系多样，因此其平面视图较难表现。加强绘制训练能够提高自身对该类产品形态特点的把握。

步骤①： 勾画线稿，注意不同的部件关系（图4-35①）。

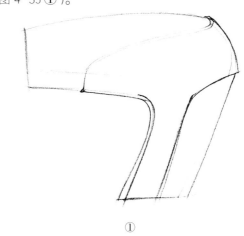

①

步骤②： 用CG1号马克笔画出大体的明暗关系（图4-35②）。

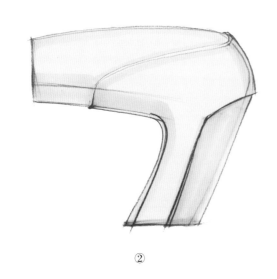

②

步骤③： 用CG1号马克笔画出曲面的灰面过渡（图4-35③）。

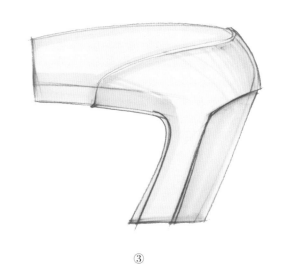

③

步骤④： 用 CG3 号马克笔加强暗面，壳体部分绘制完毕（图 4-35④）。

步骤⑤： 用 CG3 号马克笔加强管子的暗面，并使得整体颜色的明度区别于壳体的明度（图 4-35⑤）。

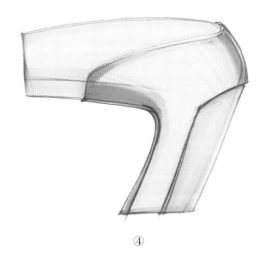

④

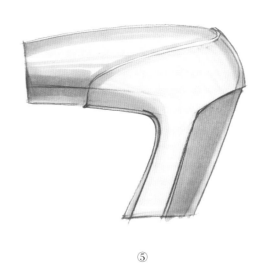

⑤

步骤⑥： 用 CG5 号马克笔加强管子的暗面，并加强整体明度的对比（图 4-35⑥）。

步骤⑦： 用 CG7 号马克笔加强明暗交界线，用黑色彩铅加强两个部件转角处的分型线。至此绘制完成（图 4-35⑦）。

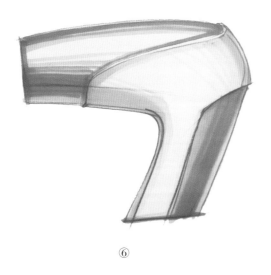

⑥

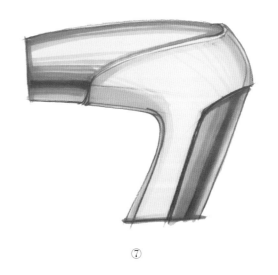

⑦

图 4-35 手持产品的平面视图绘制步骤

实例二　吸尘器产品的平面视图绘制步骤

步骤①：绘制线稿，注意凹凸关系，并进行明暗的调整（图4-36①）。

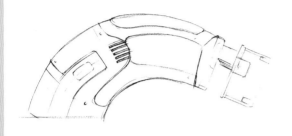

①

步骤②：运用CG1号马克笔绘制金属部件的明暗关系，注意头部的凹槽（图4-36②）。

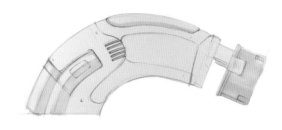

②

步骤③：绘制彩色部分，注意留出高光和反光，在暗部重复画彩色马克笔2～3次，使之加深，产生明暗层次感，让管子圆起来（图4-36③）。

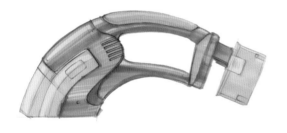

③

步骤④：运用CG3号马克笔绘制彩色部分的暗面，增强明暗感受，并运用黑色彩铅加强暗面（图4-36④）。

④

步骤⑤：运用CG5号马克笔加强暗面，注意金属的质感（图4-36⑤）。

⑤

步骤⑥：运用 CG7 号马克笔加强暗面，注意留出反光（图 4-36⑥）。

步骤⑦：用双头勾线笔的细头对结构线、分型线等线条进行勾线，并用黑、白色彩铅加强明暗对比（图 4-36⑦）。

⑥

⑦

步骤⑧：在黑色管子部位运用全黑色马克笔加强暗面及明暗交界线，使管子的高光洁度质感更强，再用双头勾线笔的粗头勾出轮廓线。至此步骤全部完成（图 4-36⑧）。

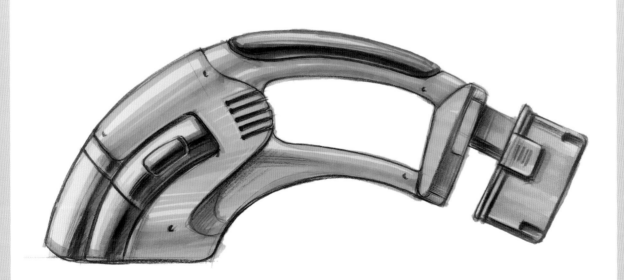

⑧

图 4-36 吸尘器产品的平面视图绘制步骤

实例三 手枪钻产品的平面视图绘制步骤

步骤①: 绘制线稿，注意部件的拆分（图4-37①）。

步骤②: 用红色马克笔绘制出红色部件，注意留出高光。然后用CG1号马克笔绘出手枪钻的大体明暗度（图4-37②）。

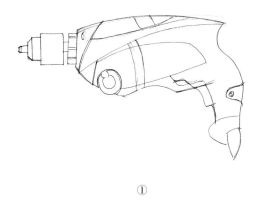

①

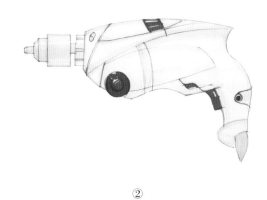

②

步骤③: 用CG3号马克笔加强暗面的表达，注意各部分的结构关系（图4-37③）。

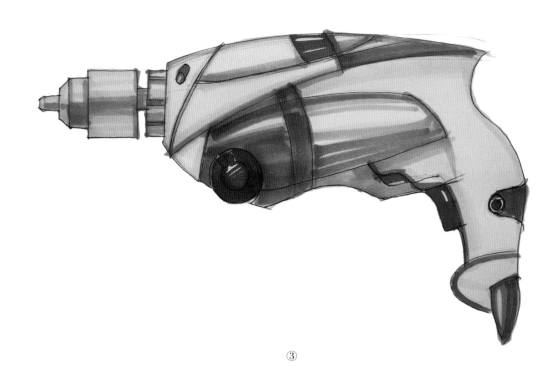

③

步骤④： 用勾线笔第一次勾勒形体，进一步加强不同质感不同部件的特征，再用黑色马克笔绘制出深色部件的质感（图4-37④）。

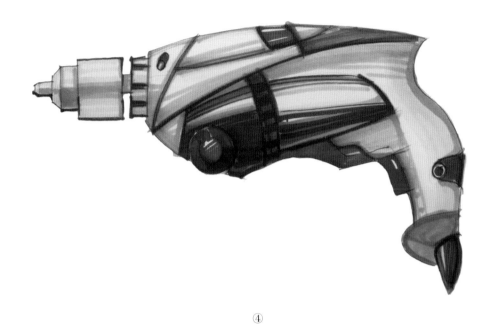

④

步骤⑤： 用黑、白色彩铅加强材料的反光感受，突出按钮，强调边缘，用勾线笔勾出轮廓线。至此全部步骤完成（图4-37⑤）。

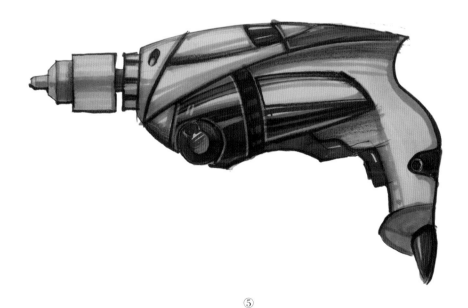

⑤

图 4-37 手枪钻产品的平面视图绘制步骤

平面视图的底色高光法

底色高光法，即在有色纸上运用黑、白色彩铅进行提亮和加暗，以此绘制产品立体效果的表现技法。由于其具有大面积的底色，产品在绘制完成时受大面积底色色调的影响，所呈现的画面效果具有高度统一的色彩与色调，有别于常规的画面视觉效果图，因此在众多手绘技法中，底色高光法具有其独特的视觉魅力。

通常，底色高光法所采用的工具有白色彩铅、黑色彩铅、高光笔、勾线笔、灰色马克笔等。底色高光法所选用的纸张也颇有讲究，宜选择中明度或低明度灰色系列的彩纸。由于高明度色系本身和白色纸张的色彩明度较为接近，产品手绘效果图中产品的白色高光部位在高明度色系彩纸上表现不够明显，和画在白纸上的效果没有太多区别，所以应避免选择高明度彩纸。那么，在低明度和中明度彩纸选择中，宜选用的色相为：宝蓝、普蓝、大红、纯黑等高纯度的色彩；紫罗兰、深土黄（深色牛皮纸）、赭石、土红、中灰、深灰、橄榄绿、深绿等低纯度的色彩。

底色高光法的基本流程：首先用黑色彩铅在底纹纸上勾形；然后选浅色马克笔画出大概的明暗关系；再用白色彩铅从两面开始加重光感；之后用高光笔点出高光；最后用黑色彩铅加重明暗交界地带的对比变化。

以插头为例进行的平面视图底色高光法绘制步骤如下：

步骤①: 在有色纸张上绘制线稿,注意要用 0.25mm 的签字笔绘制,轮廓线和结构线尽量轻而淡,这样在马克笔和彩色铅笔覆盖时才不会喧宾夺主(图 4-38 ①)。

步骤②: 用 CG1 号马克笔画出大体的明暗关系,注意不要画出物体以外,因为有色纸张已经有颜色了,再运用一个背景色去覆盖会太过厚重(图 4-38 ②)。

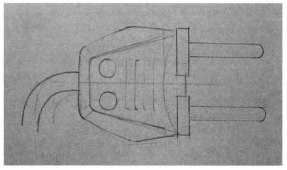

①

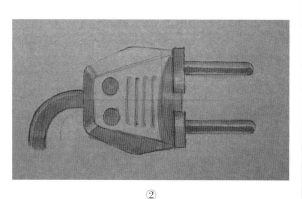

②

步骤③: 用 CG3~CG7 号马克笔加深暗部,使其产生丰富的层次感。很多有色纸张比较厚,且表面涂胶,容易渗水,因此建议马克笔上色时次数不要太多,否则画得次数多了纸张会起毛起球,画面会变得粗糙而显得破旧(图 4-38 ③)。

步骤④: 用白色彩铅提亮高光,注意物体中间的凹凸表现(图 4-38 ④)。

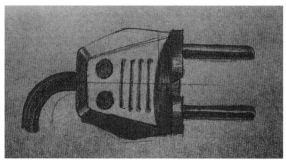

③

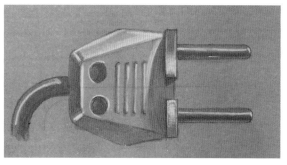

④

步骤⑤: 运用黑色彩铅和白色彩铅加强亮面及细节,并用勾线笔勾画轮廓。至此绘制步骤完成(图 4-38 ⑤)。

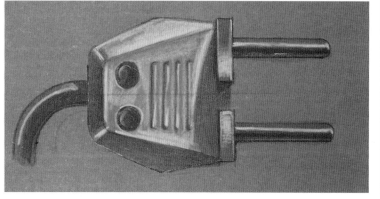

⑤

图 4-38 插头平面视图的底色高光法绘制步骤

第七节

平面视图的马克笔手绘作品展示

一、 汽车作品

从汽车尾部一点透视的角度去表现平面视图，设计者用较为统一的办法解决复杂的凹凸变化，使得画面不那么凌乱。美中不足的是在高光处理上欠缺主次（图4-39）。

图 4-39 汽车

二、五金工具作品

在五金工具手柄的绘制中，设计者把正视图中深浅不同的凹槽表现得非常有秩序感，黑色、白色彩铅在主体部分的明暗运用上也较为整体（图4-40）。

三、耳机作品

作品中充分体现了设计者手绘效果图技法的整体概括思想，将黄色材质和金属材质进行整体统一的区分，在正视图中左、右耳机的主次区分较为精彩（图4-41）。

图 4-40 五金工具

图 4-41 耳机

四、电子时钟作品

设计者对圆形凹面的表达较好。但在背视图中，把手条状部位的描绘不到位，应该是平面还是凹面呢（图4-42）？

五、五金工具手柄作品

该五金工具手柄，细节部分非常精彩，凹凸有致（图4-43）。

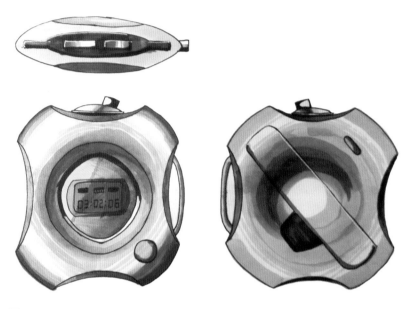

图 4-42 电子时钟

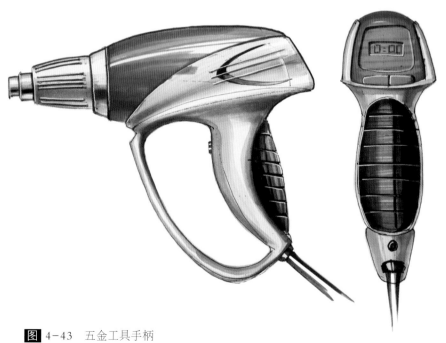

图 4-43 五金工具手柄

六、工具箱作品

在该作品的绘制中，面的明度区别很明确，但是在表达具体的功能上需要进一步绘制（图4-44）。

七、笔、插头作品

该作品在底色高光法的运用上，充分表达出产品的质感（图4-45）。

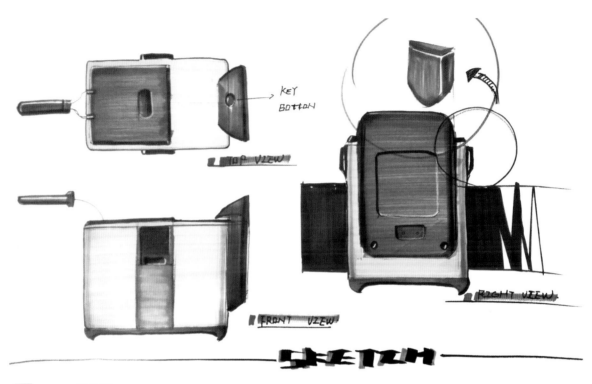

图 4-44　工具箱

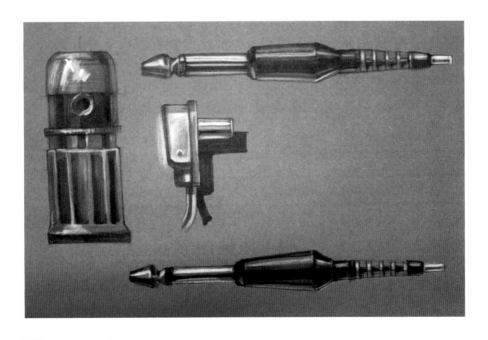

图 4-45　笔、插头

八、摩托车作品

在摩托车的绘制中，结合了彩铅的运用，整体较好。美中不足的是，在细节和整体的描绘中应该更加懂得取舍，面面俱到反而不好（图4-46）。

九、游戏手柄作品

在游戏手柄的绘制中，彩铅部分的高光绘制较好。但画面过于面面俱到，从而缺少生动感（图4-47）。

图 4-46　摩托车

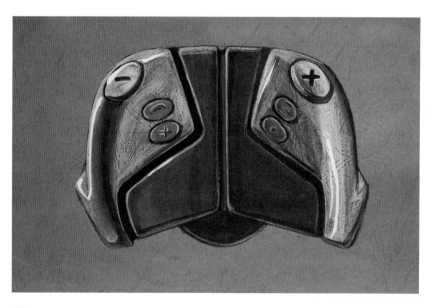

图 4-47　游戏手柄

第八节

平面视图和立体视图的转化

平面视图的最终目的是为更充分地表现产品，不仅对产品的整体尺寸效果做了说明，还增进了立体视图中不能涉及的细节表达。平面视图和立体视图都是产品手绘效果图缺一不可的组成部分。在设计过程中，有些设计者会从产品的平面角度入手设计，有些设计者则会先从立体角度进行形态的设计。但平面视图最终必须要转化为立体视图，才能使观者更加有效的获得设计信息，当然立体视图也需要平面视图增进说明以完善设计表达。

如图 4-48、图 4-49 中所示的产品，如果缺少了平面视图，在对产品的比例设计中就会缺乏说明。特别是针对一些外观整体较为方正的产品，其平面视图能够直接快速地反映出面板的设计特征。

如图 4-50 中所示的玩具枪设计，通过对产品的同一平面视图进行点线面的多样化设计，将产品的系列推至极致，充分体现了产品从平面视图角度去设计的方法。

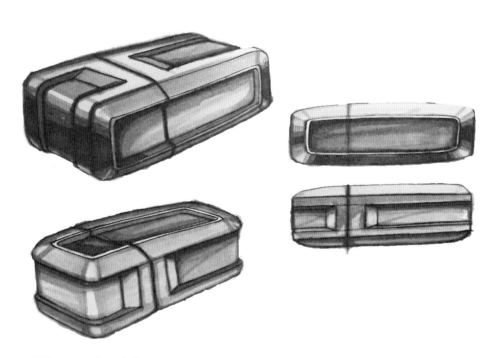

图 4-48 电子产品

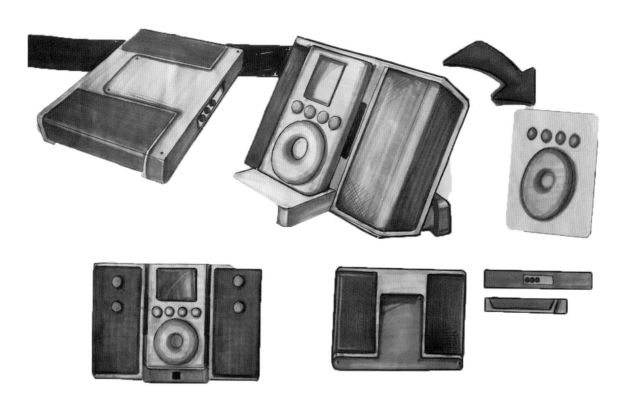

图 4-49 音箱

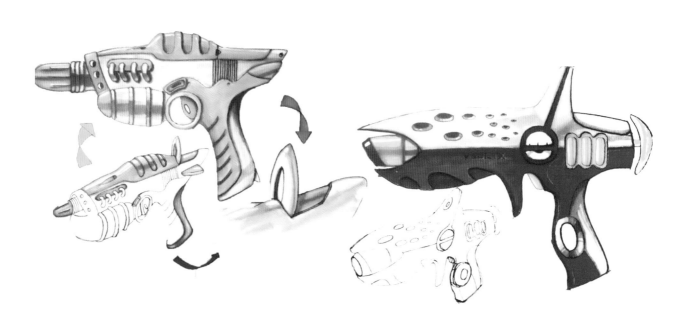

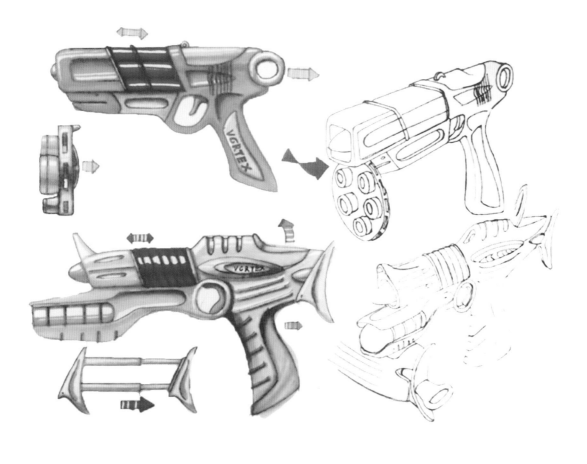

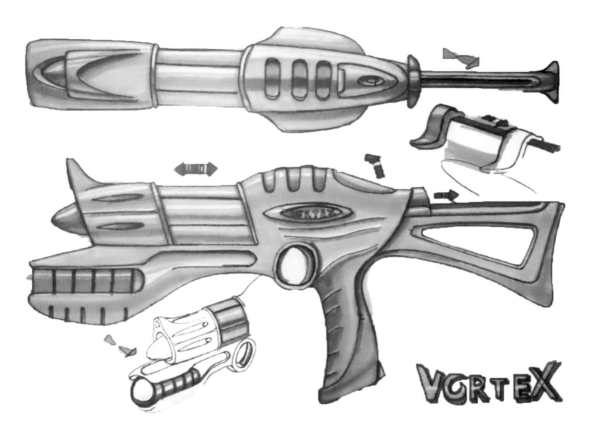

图 4-50　玩具枪（参考刘传凯《产品创意设计》手绘作品）

第五章

产品立体视图马克笔
手绘表现

第一节

马克笔基础知识

一、马克笔工具

马克笔在本书第二章第二节"手绘工具媒介"中已经有过简要的介绍，因此，这里不再赘述。马克笔作为产品手绘的重要工具近年来日渐受到设计师的喜爱与欢迎，这主要基于下述几点原因：

（1）马克笔的墨水分为酒精性、水性与油性，尤其是酒精性墨水的马克笔上色挥发快，色彩相对稳定透明、速干，效率高。

（2）马克笔笔头一般以双头为主，一头是圆锥形（圆头），另一头是斜方形（斜方头）。圆头用于画较细且出水均匀的线条；斜方头则用于画粗细不一的线条，甚至是块面，可见马克笔使用之方便（图5-1）。

（3）马克笔色彩鲜艳，色彩型号丰富，给设计师提供很大的色彩选择空间。

（4）马克笔携带方便，绘画时能较好的保持作画工具与纸面的干净整洁。

二、马克笔的笔触

（一）马克笔"线"的绘制

马克笔的笔头设计为斜方形，是它与其他色彩工具最大的差异所在，也是马克笔工具自身最显著的特征，它给设计师上色提供了很大的发挥空间。在设计师进行产品手绘上色的过程中，通

图 5-1　马克笔的圆头与斜方头

过笔头的不同运笔方向、笔头与纸面接触面积的大小，可以绘制出粗细不一的线条，留下明显的笔触痕迹。如图 5-2、图 5-3 所示，运用马克笔斜方头可以绘制出不同粗细的直线、曲线。

（二）马克笔"面"的绘制

使用马克笔工具上色时，不仅要学会通过笔头的旋转来绘制不同粗线的线条，还要能够自如地表现出一根线条上的粗细变化关系。马克笔上色最终以明暗关系来呈现，所以通过用马克笔排线对"面"进行铺色是最基本的绘图方式。

马克笔对"面"的上色一般有以下三种方法（图 5-4）。

1. 排线平铺上色

用马克笔的宽头等粗进行平行排列，笔触不要叠加，笔触的边缘与边缘之间进行连接。

特点：平行排线、上色均匀，无明显笔触变化。

2. 笔触变化上色

马克笔在刚开始时用平行笔触进行排列，在绘制过程中通过旋转笔头形成折线笔触，从而形成视觉过渡的平面上色。

特点：笔触变化灵活，上色不均匀，但视觉效果整体活泼、生动。

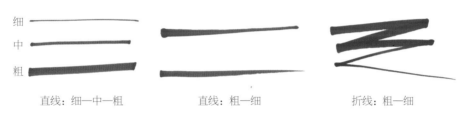

直线：细—中—粗　　　　直线：粗—细　　　　折线：粗—细

图 5-2　马克笔的直线笔触

曲线：细—粗　　　　曲线：粗—细　　　　曲线：细—粗—细

图 5-3　马克笔的曲线笔触

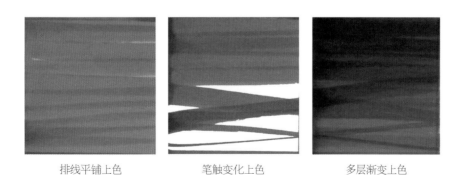

排线平铺上色　　　　笔触变化上色　　　　多层渐变上色

图 5-4　马克笔"面"的绘制

3. 多层渐变上色

实际上这是第一种方法与第二种方法相结合的一种上色方法，它具有综合性。第一层运用排线平铺上色，第二层可用同一支马克笔、同类色马克笔或灰色系马克笔，运用第二种方法笔触变化上色，还可根据需要再铺几层色彩，从而使笔触更加灵活生动、多层次的色彩渗透叠加，显得过渡更加自然、色彩变化更加丰富微妙。但建议采用多层渐变上色时要控制好"多层"的"次数"，因为上色次数过多会使马克笔笔触消失，颜色混浊，影响最终效果。

特点：笔触丰富、色彩过渡微妙、色彩变化丰富，整体视觉效果含蓄而生动。

（三）马克笔降低色彩明度的上色方法

马克笔降低色彩明度的上色方法一般有以下三种方法（图5-5）。

第一种方法：一支马克笔上色后，用同一支马克笔再逐层上色。

第二种方法：一支马克笔上色后，用另一支同类色但较低明度的马克笔再次上色。

第三种方法：一支马克笔上色后，用另一支灰色系马克笔，即冷灰 CG、暖灰 WG 等型号的灰色系马克笔进行再次上色。

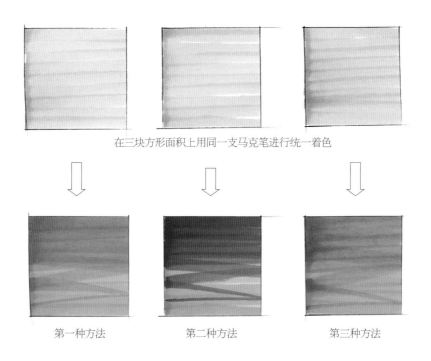

在三块方形面积上用同一支马克笔进行统一着色

第一种方法　　　　第二种方法　　　　第三种方法

图 5-5　马克笔降低色彩明度的三种上色方法

第二节

马克笔立体形态表现

一、马克笔几何形体的明暗绘制

马克笔是表现产品明暗光影关系的上色工具。有光才会有形有色，有光才能清楚辨析形形色色、千姿百态的产品形体。明暗规律分为两大面五大调子，两大面为受光面与背光面，五大调子为高光、中间色调、明暗交界线、反光与投影（图5-6）。

在本书第二章第三节"构图元素"中曾经说过，投影可以用背景来替代，它不是非要不可。但从产品本身角度来看，要想表现体积感，一定要有高光、中间色调、明暗交界线与反光。在运用马克笔进行上色的过程中，要注意：高光需留白，即保留纸张的本色，而反光处可根据需要决定是否有少许留白（图5-7）。

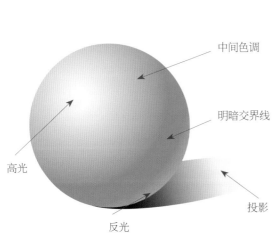

图 5-6 明暗规律（即明暗五调子）

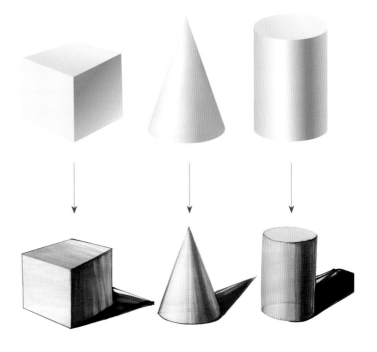

图 5-7 马克笔明暗规律的表现

二、马克笔面与体的转折表现

（一）马克笔面的转折表现

在产品形态中，经常会遇到平面转折与弧面转折两种情况，即形体尖锐转折与圆滑转折。在运用马克笔进行明暗上色的过程中，这两种转折表现是不一样的（图5-8）。

（二）马克笔体的转折表现

马克笔产品形体的三维转折表现，其实是将面的转折进行立体化表现。一个产品的三维形体实际上是由若干个面组合而成的。因此，对体的马克笔表现关键在于面与面的转折处要很好的根据实际情况进行绘制（图5-9～图5-11）。

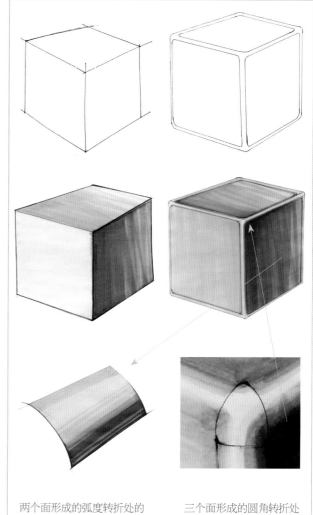

两个面形成的弧度转折处的马克笔表现　　三个面形成的圆角转折处的马克笔表现

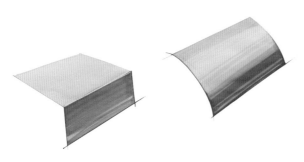

图 5-8　平面转折与弧面转折的马克笔表现

图 5-9　直角转折与弧面转折的马克笔表现

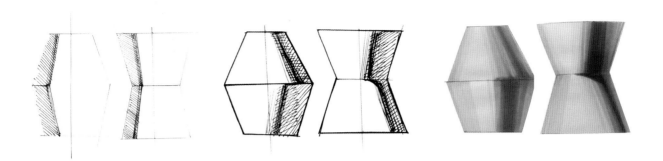

错误的明暗交界线　　　　　　　正确的明暗交界线　　　　　　正确的明暗交界线最终完成图

图 5-10　马克笔表现明暗交界线

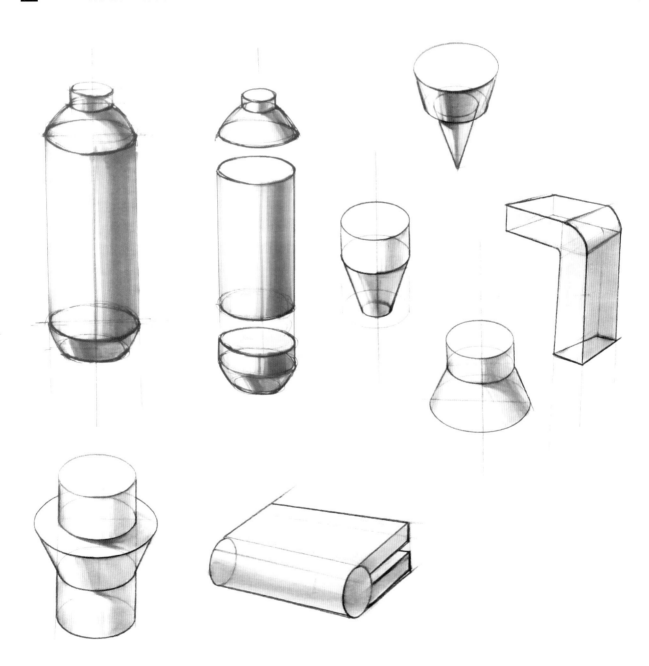

图 5-11　马克笔形体转折上色

三、 马克笔按键形体表现

按键是产品中最常出现的一个零部件。产品按键的造型决定了形体起伏转折的关系。在马克笔对按键的形体表现上，手绘者一定要在准确把握按键的面与体上色关系的基础上进行马克笔绘制，才能塑造好按键的体积感与空间感（图5-12）。

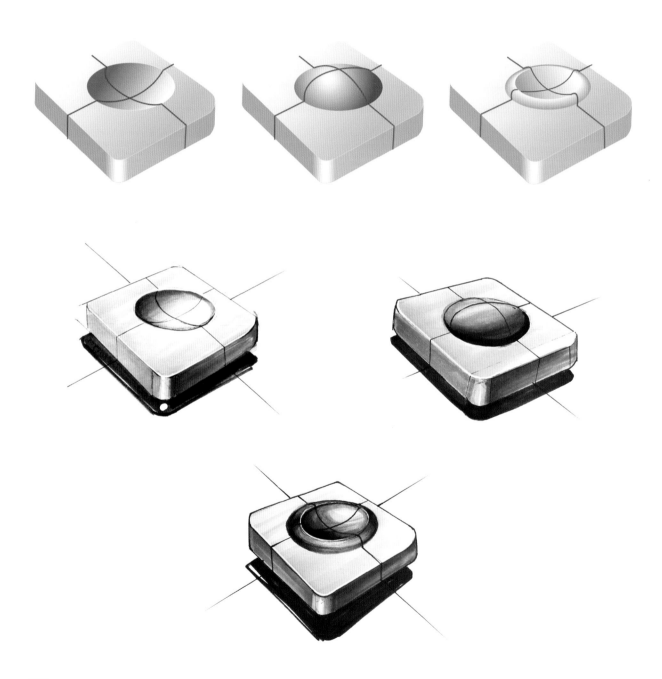

图 5-12　马克笔绘制的不同按键造型

第三节

马克笔手绘效果图绘制案例

实例一　带阴影的手绘效果图——椅子

步骤①： 用黑色彩铅勾勒出产品的形体轮廓。注意：确定椅子的比例关系，整体的透视关系要准确，概括基本形体，整体的体积关系要明确（图5-13①）。

步骤②： 深入进行产品线条图的绘制。将椅子的外形特征进行表现。在这一步骤中要尽量将一些细节详尽的表现出来（图5-13②）。

①

②

步骤③：用马克笔上大面积的形体色彩。用不同型号的马克笔表现颜色明度，以此明确表现大体的明暗关系。

在这一步骤中，尤其需要留一些"白"，上色部分与留白部分中间的过渡衔接处应上产品原色以表现椅子的固有色（图5-13③）。

③

步骤④：进入马克笔上色的深入阶段。用马克笔对细节的形体转折进行深入表现，强调光影效果，并绘制投影，强化立体空间感（图5-13④）。

④

步骤⑤： 进入调整阶段，对一些体积和转折的地方进行处理。例如，椅子上两个大面明暗交界线的地方，用较深颜色的马克笔再描绘一下，然后再在转折处用白色彩铅进行强调，使整个产品的体量感更强烈。最后用粗一些的签字笔在产品的外轮廓上勾勒一遍，目的是让整个产品外形更紧凑，强化外形（图5-13⑤）。

⑤

图 5-13 椅子的马克笔手绘效果图绘制步骤

实例二 带阴影的手绘效果图——数码小产品

步骤①： 绘制线条图。用 02 号绘图笔对产品形体进行线条图的绘制，并大致绘制出产品的投影方向（图 5-14①）。

步骤②： 首次铺色。用绿色马克笔对产品线条图进行色彩平铺。在这层色彩平铺的过程中，注意马克笔的笔触方向可根据形体结构转折方向进行调整。马克笔运笔时要注意适当留白（图 5-14②）。

步骤③： 深入上色。用灰色系 CG5 号马克笔对产品的暗部进行加深，加强光影效果下的产品明暗关系（图 5-14③）。

①

②

③

步骤④： 继续深入阶段。用灰色系 CG7 号和 CG9 号马克笔继续对产品的暗部进行加深，对明暗交界线进行强调，对暗部的细节进行深入表现（图 5-14④）。

步骤⑤： 调整阶段。用马克笔对产品的细节进行细致刻画，对产品的整体上色进行适当调整，并绘制出产品的阴影，通过投影强化产品的空间感与真实感（图 5-14⑤）。

④

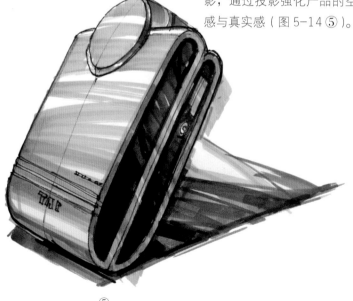

⑤

图 5-14 数码小产品的马克笔手绘效果图绘制步骤

实例三　带背景的手绘效果图——数码摄像机

步骤①： 绘制线条图。用 02 号绘图笔对产品形体结构进行线条图绘制，线条力求流畅、肯定（图 5-15①）。

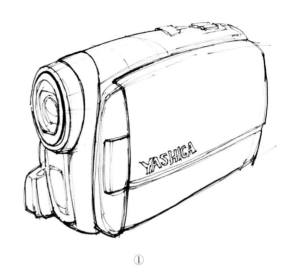

①

步骤②： 首次铺色。用暖灰系 WG2 号马克笔对产品线条图进行第一次色彩平铺。在这层色彩平铺过程中，注意适当留白，即保留形体转折时的高光部分（图 5-15②）。

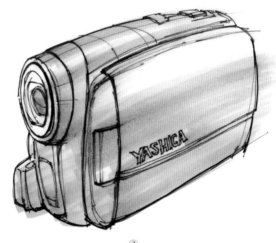

②

步骤③： 深入上色。用暖色系 WG3、WG5、WG7 号马克笔对产品的暗部进行加深，加强光影效果下的产品明暗关系表现（图 5-15③）。

③

步骤④：继续深入阶段。用暖灰色系 WG7 号、WG9 号马克笔与黑色 120 号马克笔继续对产品的暗部进行加深，对明暗交界线进行强调，并向亮面微妙过渡。此外，还要对暗部的细节进行深入表现（图5-15④）。

④

步骤⑤：调整阶段。用马克笔对产品的细节进行详细表现，对产品的整体上色进行适当调整。此产品不再画出阴影部分。用蓝色 B37 号马克笔与黑色 120 号马克笔叠加绘制产品的背景部分。注意：在产品手绘效果图中可用绘制背景来代替产品的投影（图5-15⑤）。

⑤

图 5-15　数码摄像机的马克笔手绘效果图绘制步骤

实例四　底色绘制的产品效果图——电动切割机

步骤①： 绘制线条图。用02号绘图笔对产品形体结构进行线条图绘制，线条力求流畅、肯定（图5-16①）。

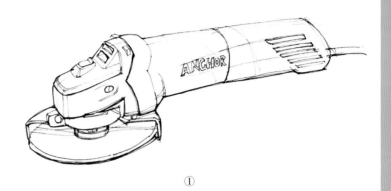

①

步骤②： 首次铺色。此次上色是先通过背景色块来影响产品效果图的绘制，首先运用黄绿色马克笔与绿色马克笔相叠加，通过笔触透叠来完成色彩衔接，而产品线条图与背景色重叠部分不上色，不重叠的部分则用暖灰色系WG2号、WG3号、WG5马克笔为产品铺上其固有色（图5-16②）。

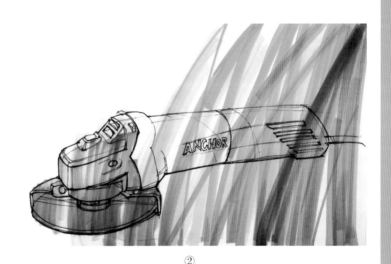

②

步骤③： 深入上色。用暖灰色系WG3、WG5、CG7号马克笔对产品的头部进行深入上色，表现出产品的明暗关系。再用画背景色块所需的蓝绿色与绿色马克笔，画出产品手柄处的暗部，形成光影效果，直至最后完成产品整体明暗大关系的铺色（图5-16③）。

③

步骤④：继续深入阶段。用暖色系WG7号、WG9号马克笔对产品的受光面向暗部转折处位置进行加深，强调明暗交界线，并形成微妙的色彩过渡和形体曲面转折（图5-16④）。

④

步骤⑤：调整阶段。用马克笔对产品的细节进行细致表现，对产品的整体上色进行适当调整。此时产品不再画出阴影部分。用蓝色马克笔与WG9号、黑色120号马克笔为背景加色，使背景暗部显得透气自然。同时，对产品界面细节进行最后的细致刻画（图5-16⑤）。

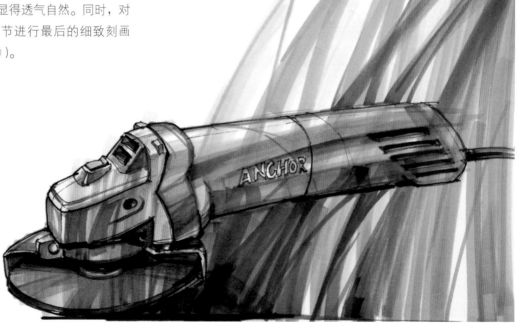

⑤

图 5-16　电动切割机的马克笔手绘效果图绘制步骤

第四节

产品立体视图的马克笔手绘作品

一、实物与马克笔效果图比较

产品立体视图的马克笔手绘学习，通过对实物与马克笔效果图的对比，可以比较直观的观察产品的实际透视规律、明暗规律表现、形体分析及形体转折处理等手绘技法，从而强化马克笔的形体表现手绘能力（图5-17）。

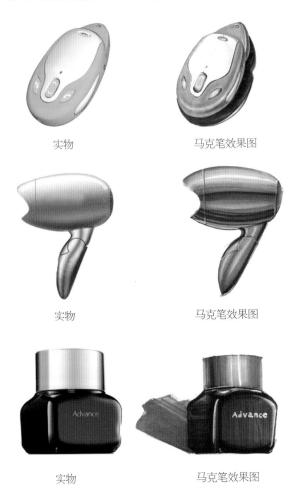

实物　　　　　　　马克笔效果图

实物　　　　　　　马克笔效果图

实物　　　　　　　马克笔效果图

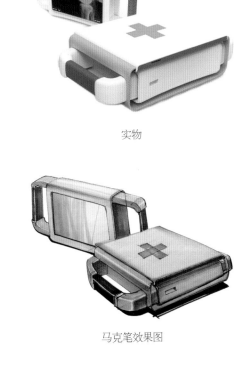

实物

马克笔效果图

图 5-17　产品实物与马克笔效果图的比较

二、线条图与马克笔效果图比较

通过产品线条图与马克笔效果图的对比，手绘者可以清楚地认识到线条图是马克笔手绘效果图的基础，重中之重。如果线条图的"形"不准，效果图上色即便生动丰富，也是徒劳。线条图是产品手绘效果图表现的"骨架"，马克笔上色则是附在骨架上的"肌肉"，两者的关系紧密，缺一不可。线条图在前，马克笔上色在后，两者虽有前后关系，但相辅相成，最终构成产品手绘效果图（图 5-18）。

线条图

马克笔效果图

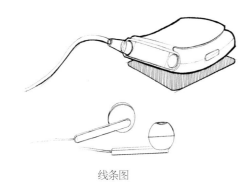

线条图

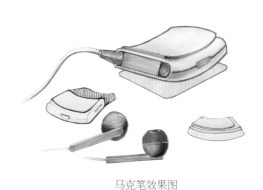

马克笔效果图

线条图

马克笔效果图

图 5-18　产品线条图 与马克笔效果图的比较

三、灰色系马克笔手绘效果图

在马克笔手绘效果图中，由于大多数工业产品的主色都是以灰白色为基调，因此在手绘效果图中也会常用灰色系的马克笔进行产品上色，灰色系中最常用的则是冷灰色系，即马克笔编号为CG系列（图5-19～图5-26）。

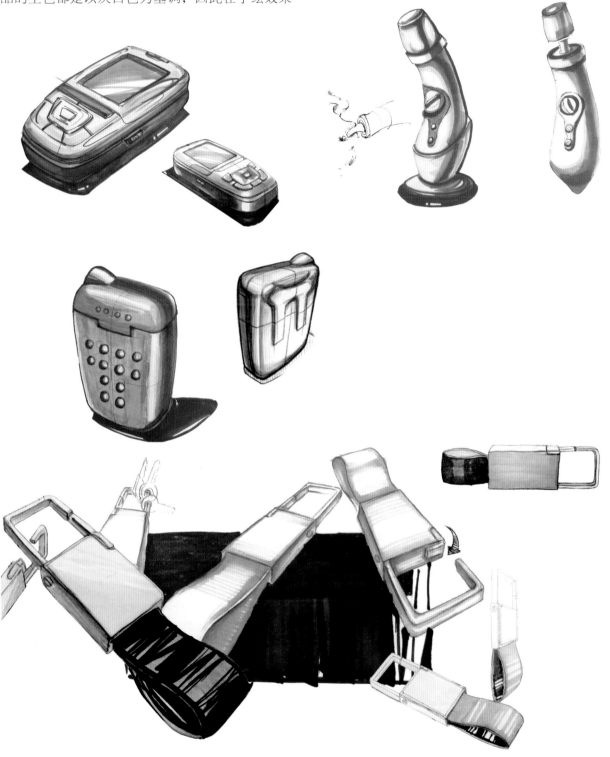

图 5-19　工业产品手绘效果图

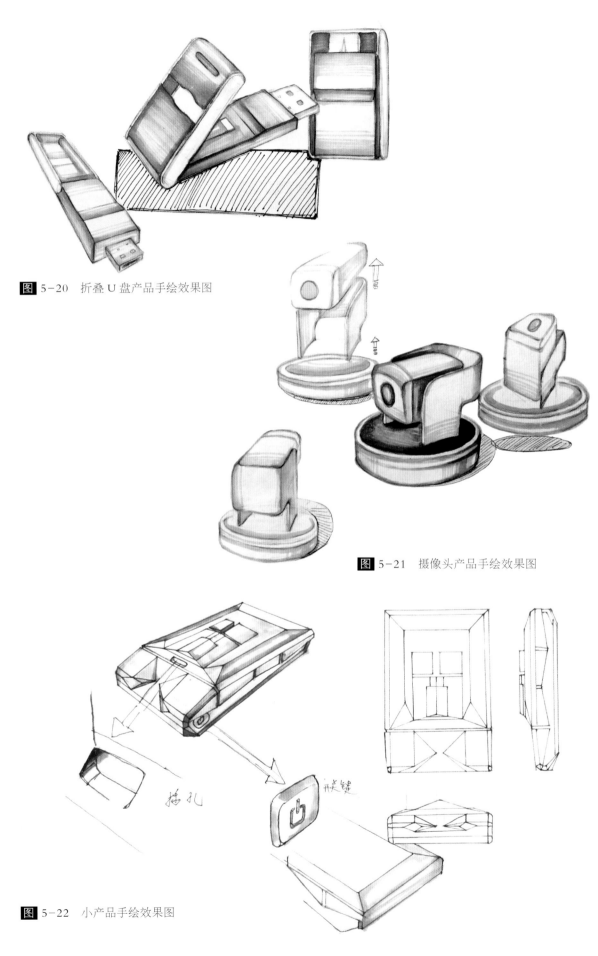

图 5-20　折叠 U 盘产品手绘效果图

图 5-21　摄像头产品手绘效果图

插孔

开关键

图 5-22　小产品手绘效果图

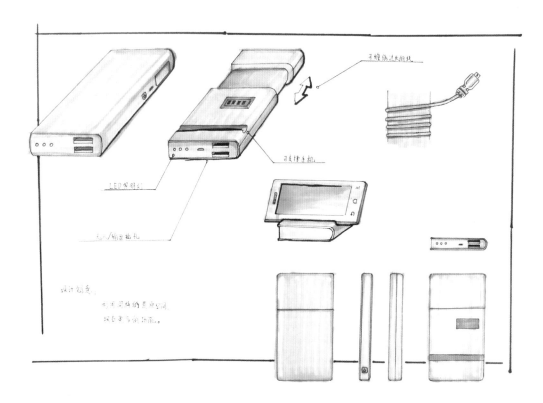

图 5-23　支架型充电宝产品手绘效果图

图 5-24　打印机产品手绘效果图

图 5-25 茶几家具产品手绘效果图

图 5-26 产品单角度手绘效果图的表现

四、彩色系马克笔手绘效果图

在马克笔手绘效果图中，按色彩来划分，除灰色系马克笔手绘效果图表现外，彩色系马克笔手绘也是一种常见的效果图表现形式。但在彩色系马克笔手绘效果图中，要注意颜色的和谐搭配，一幅作品中忌用较多种纯度高的色彩来进行搭配，否则画面容易显得混乱，主体不突出（图5-27～图5-56）。

图 5-27　家用清洁器产品手绘效果图

图 5-28　小型电子产品手绘效果图

图 5-29　鞋的手绘效果图

图 5-30　小电子产品手绘效果图

图 5-31　电子产品手绘效果图

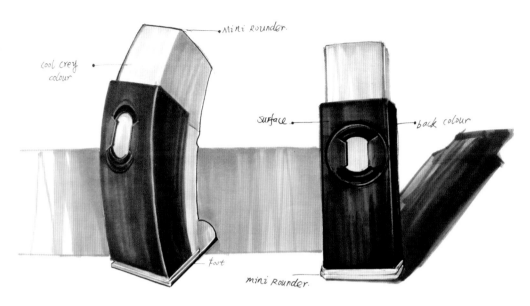

图 5-32 电器产品手绘效果图

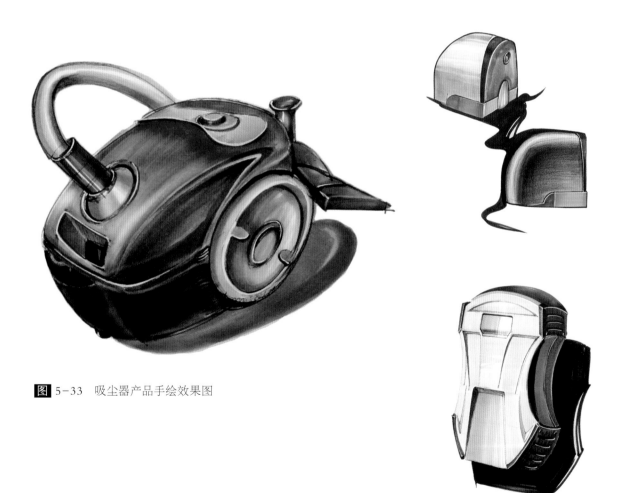

图 5-33 吸尘器产品手绘效果图

图 5-34 小电器产品手绘效果图

图 5-35 儿童推车手绘效果图

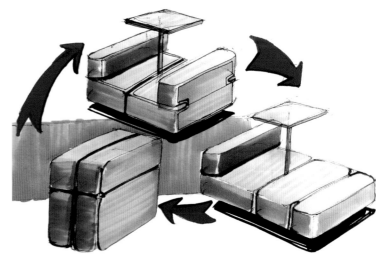

图 5-36 折叠家具产品手绘效果图

图 5-37 数码产品手绘效果图

图 5-38　概念鞋手绘效果图

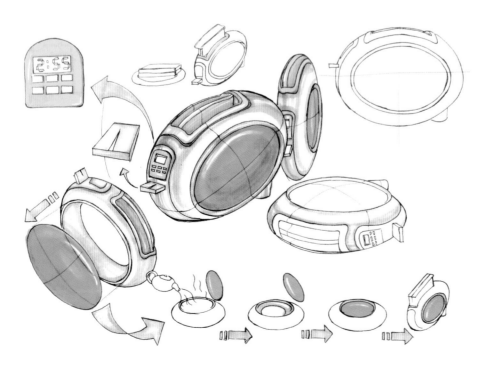

图 5-39　烤面包机产品手绘效果图

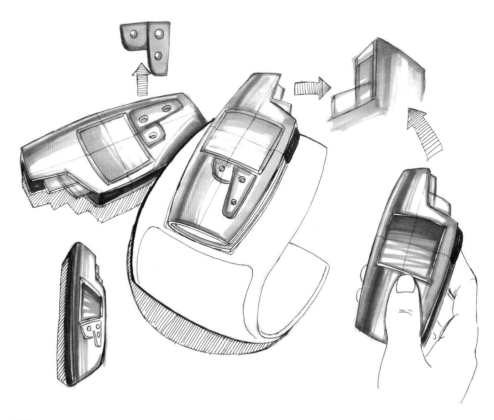

图 5-40　数码产品手绘效果图

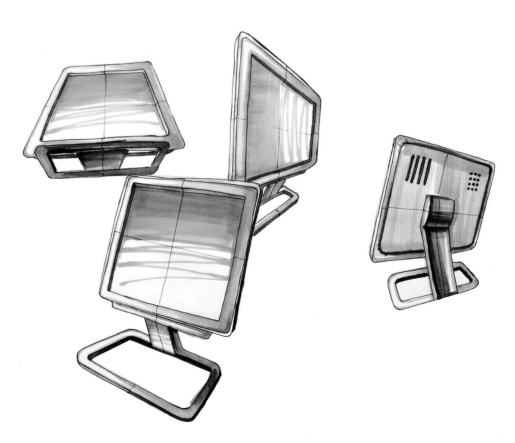

图 5-41　显示器产品手绘效果图

图 5-42　家具产品手绘效果图

图 5-43　鞋柜家具手绘效果图

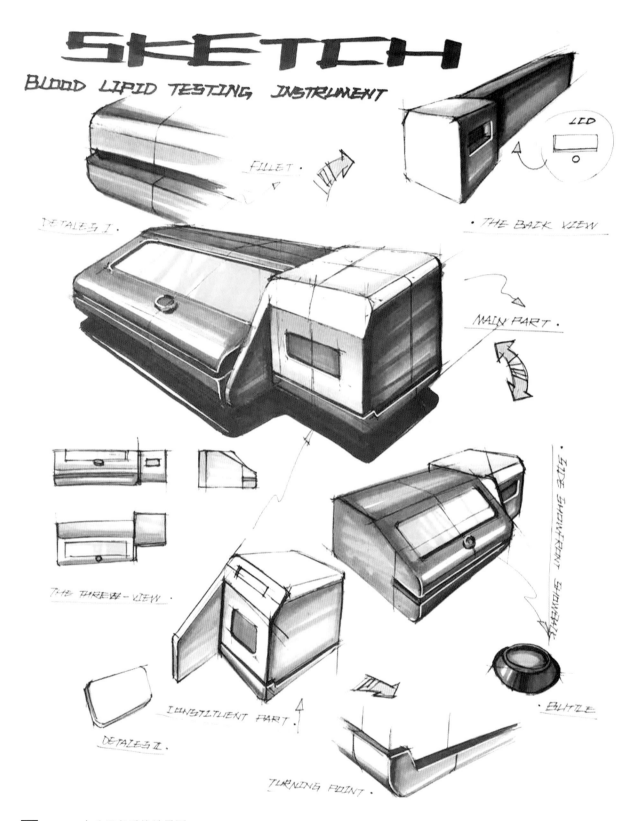

SKETCH

BLOOD LIPID TESTING INSTRUMENT

FILLET·

· THE BACK VIEW

LED

DETALES I.

MAIN PART·

SIDE SHOWFRONT SHOWFRONT

THE THREE-VIEW·

IONSTITUENT PART·

DETALES II.

·BUTTLE

TURNING POINT·

图 5-44 办公设备手绘效果图

产品手绘效果图

128

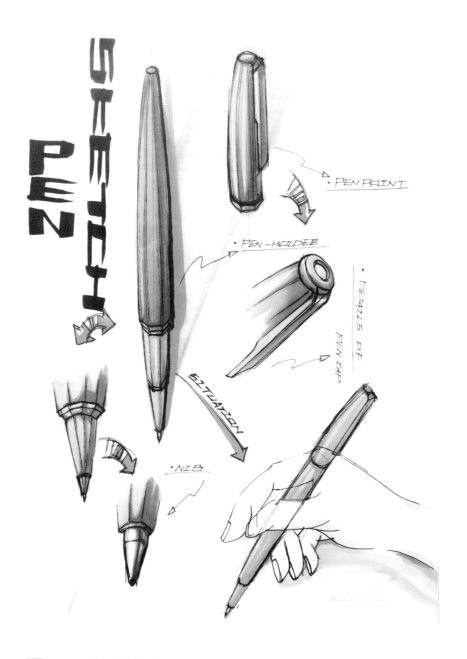

图 5-45 笔的手绘效果图

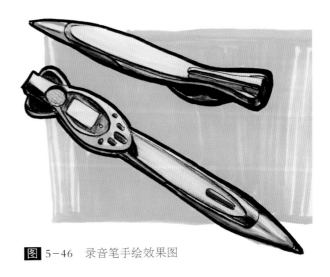

图 5-46 录音笔手绘效果图

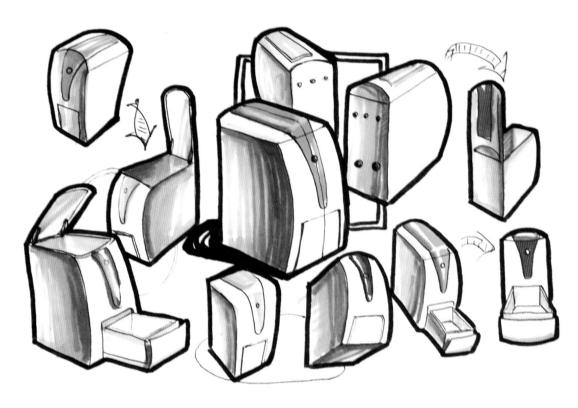

图 5-47　米箱产品手绘效果图

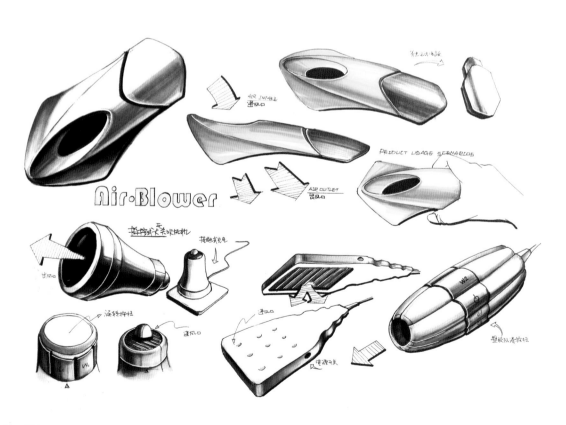

图 5-48　吹风机产品手绘效果图

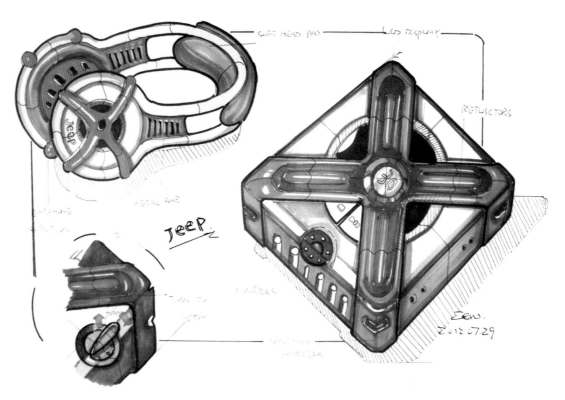

图 5-49 电子产品手绘效果图

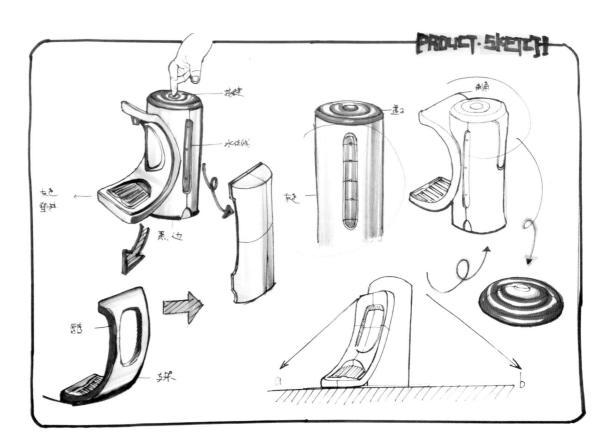

图 5-50 热水壶产品手绘效果图

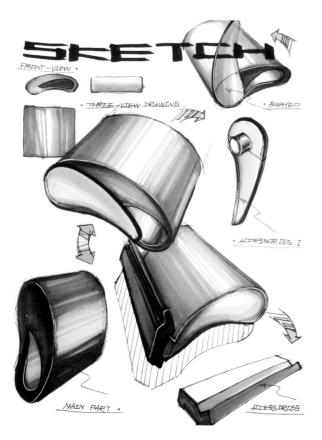

图 5-51 小产品手绘效果图

图 5-52 电子触屏产品手绘效果图

图 5-53 显示器产品手绘效果图

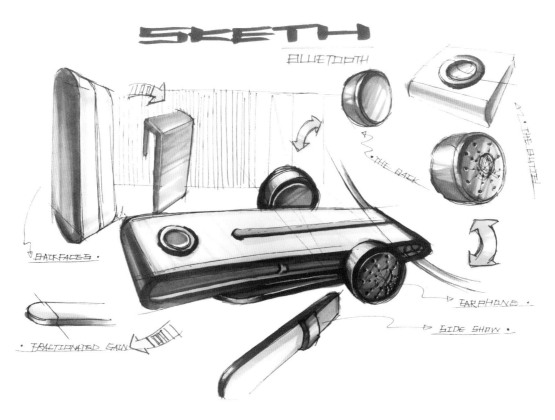

图 5-54　音乐播放器产品手绘效果图

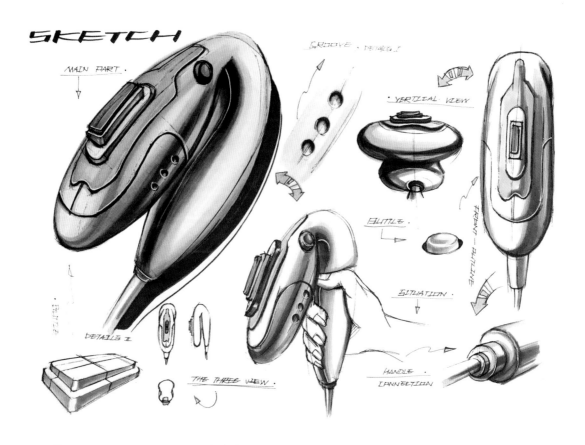

图 5-55　仿生设计产品手绘效果图

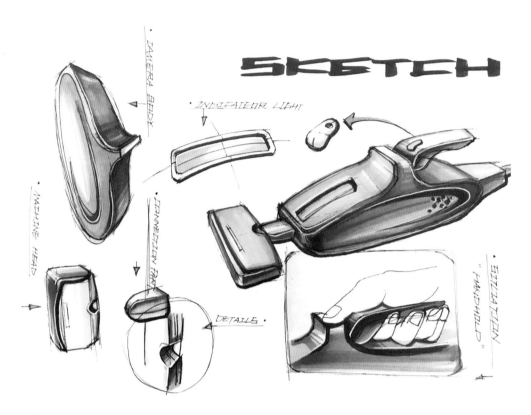

图 5-56 手持产品手绘效果图

五、在色纸上的产品效果图表现

马克笔的产品手绘效果图表现方式多样灵活，手绘者有时为突出某种画面视觉效果，或者强化手绘者的个人作画风格等原因，常会在有颜色的纸张上进行马克笔表现，使产品手绘画面出现意想不到的丰富效果（图 5-57 ～图 5-60）。

图 5-57 焖壶产品手绘效果图

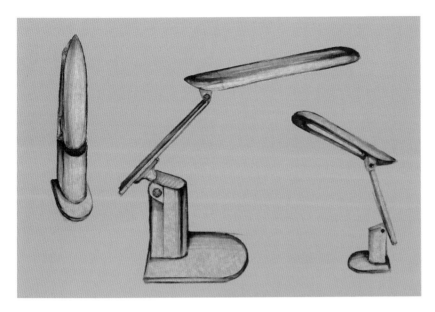

图 5-58　台灯手绘效果图

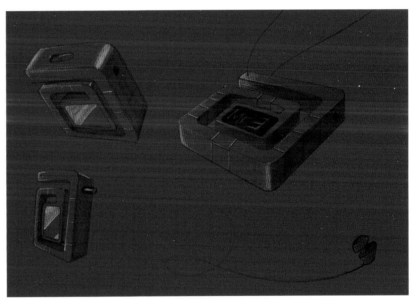

图 5-59　MP3 产品手绘效果图

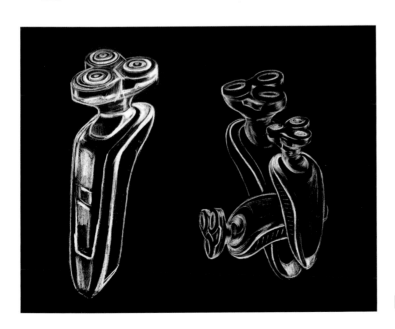

图 5-60　剃须刀产品手绘效果图

参考文献

[1] 刘涛. 手绘教学课堂：刘涛工业产品表现技法［M］. 天津：天津
　　大学出版社，2009.

[2] 刘和山，王金军，范志君，李普红. 产品设计快速表现［M］. 北
　　京：国防工业出版社，2005.

[3] 刘国余. 产品设计创意表达·草图［M］. 北京：机械工业出版社，
　　2010.

[4] 库斯·艾森，罗丝琳·斯特尔. 产品设计手绘技法［M］. 陈苏宁，
　　译. 北京：中国青年出版社，2009.

[5] 库斯·艾森，罗丝琳·斯特尔. 产品手绘与创意表达［M］. 王钥
　　然，译. 北京：中国青年出版社，2012.

[6] 刘传凯. 产品创意设计［M］. 北京：中国青年出版社，2008.

[7] 刘传凯. 产品创意设计 2［M］. 北京：中国青年出版社，2008.

[8] 曹学会，袁和法，秦吉安. 产品设计草图与马克笔技法［M］. 北
　　京：中国纺织出版社，2007.

[9] 清水吉治. 产品设计草图技法［M］. 马卫星，译. 北京：北京理
　　工大学出版社，2004.

[10] 清水吉治. 产品设计草图［M］. 张福昌，译. 北京：清华大学出
　　版社，2011.